よくわかる最新

実験計画法の基本と仕組み

実験の効率化と解析の全手法を解説

森田 浩 著

［第2版］

秀和システム

はじめに

私たちの身近にも様々なデータがあふれ返っており、ビッグデータとかデータサイエンスといった言葉も普通に使われるようになってきました。たくさんのデータがあっても、そこから有益な情報を得ることができなければ、データは単なる数字にすぎません。何かを調べようとするときには、データを取ってきたり集めたりします。このデータによって解析するとき、必要なデータが揃(そろ)っていなければ、正しい解析はできません。

より効率的に調べるためには、どのようなデータを取るべきかということと、どのような解析方法を用いるべきかということの間には、密接な関係があります。調査の目的を明確にすることで、必要なデータの採取方法と、得られたデータの解析手法とは、一体として考えられるようになります。これが実験計画法です。

実験計画法は、どのようにして効率的にデータを取るのか、そして得られたデータをどう解析するのか、に対して明快な回答を示してくれる統計的手法です。調査や実験の目的に応じた様々な計画の方法が用意されていますので、目的に合った実験を効率的に計画することができます。

本書では、統計の基礎知識や検定・推定の考え方も紹介しています。解析方法や計算方法だけでなく、どのような仕組みで解析が行われているかについてもできるだけ触れるようにしています。また、Excelを電卓代わりに使うことで、手軽に計算できることも紹介しています。プログラミングの知識は必要ありませんから、ぜひ自分でパソコンを開いて実験計画法を使ってみてください。

2019年9月　森田　浩

よくわかる
最新実験計画法の基本と仕組み［第2版］

CONTENTS

第4章 直交配列表実験

第5章 実験計画法のあれこれ

第6章 Excelで実験計画法

●参考文献
永田靖,『入門 実験計画法』日科技連出版社 (2000)
今里健一郎, 森田浩,『Excelでここまでできる統計解析 (第2版)』日本規格協会 (2015)

第1章

実験計画法の魅力

特性には様々な要因が絡み合っています。これを知るための実験を適切に計画するのは簡単ではありません。実験の回数が多くなりすぎたり、無駄な実験に労力を費やしたりするのは避けたいところです。実験計画法とは、どのようにして効率的にデータを取るのか、そして得られたデータをどう解析するのかに対する明快な回答を示してくれる統計的手法です。

1-1

実験計画法とは

実験計画法とは、効率のよいデータの採取方法を計画し、適切な解析結果を与えることを目的とする統計的手法です。製品開発や研究分野で広く使われています。

データを取る

私たちの周りにあるいろいろなデータを解析することでわかることはたくさんあります。また、何かを調べようとしたときに、実験や調査をしてデータを集めることがあります。この場合は、どんなデータを取ってくるかを考えなければなりません。

実験や調査の対象となる現象や結果を表すものを**特性**といいます。特性の性質を調べたり、特性を改善するための方策を見付けたりするためにデータを取ります。

実験の計画

特性にはいろいろな要因が影響を及ぼしています。どの要因が特性に影響を与えているか、もし影響を与えているなら、その要因をどうすると特性がよくなるのか、そのときの特性値はいくらになるかなど、要因と特性の様々な関係を調べるには、要因を変化させてデータを取って、統計的な解析を行います。

ただし、いい加減な設定でデータを取ったのでは適切な解析はできません。精度のよい結果が効率的に得られるように、データを計画的に取る方法と、取得したデータの適切な解析方法を与える統計的手法の１つが**実験計画法**です。

実験計画法のいろいろ

代表的な実験計画法には、一元配置実験、二元配置実験などの要因配置型の実験や、たくさんの要因を取り上げるときに効率的な実験を計画するための直交配列表実験などがあります。また、相関分析、回帰分析や多変量解析などの手法が使われることもあります。実験計画法は、効率的な実験にするための工夫と、得られたデータの解析方法を示す統計的手法の総称です。客観的な基準による判断を可能とするため、品質管理、医学、工学、心理学やマーケティング、社会科学をはじめ、幅広い分野で応用されています。

いろいろな実験計画法

検定と推定

A1とA2のどちらが大きいか?

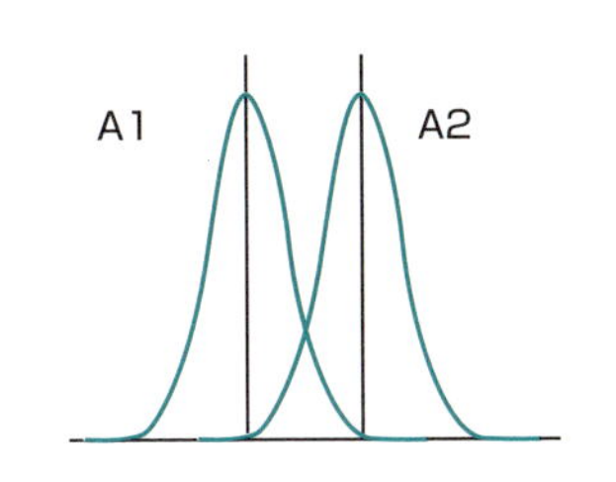

一元配置分散分析

水準効果はあるのか?

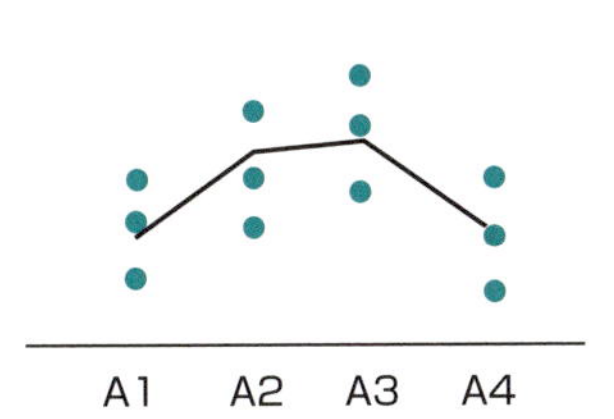

二元配置分散分析

2つの効果を同時に知りたい、
組合わせの効果があるか?

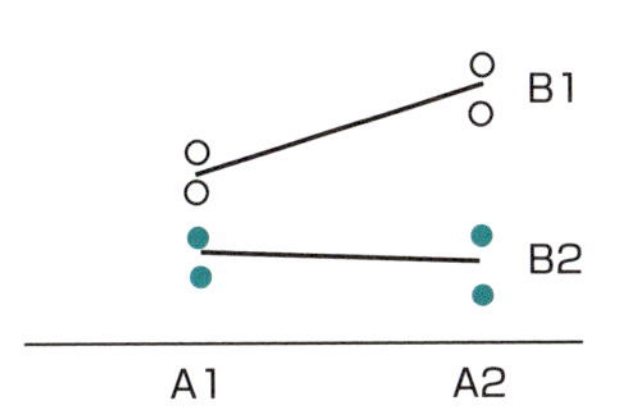

直交配列表実験

もっと多くの効果を同時に知りたい

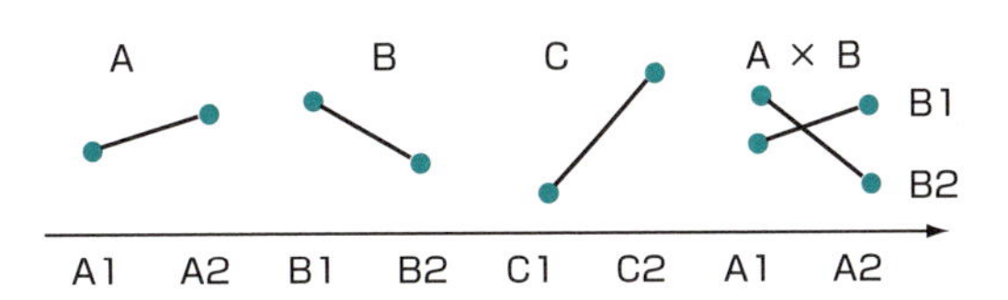

相関・回帰分析

関連性を知りたい

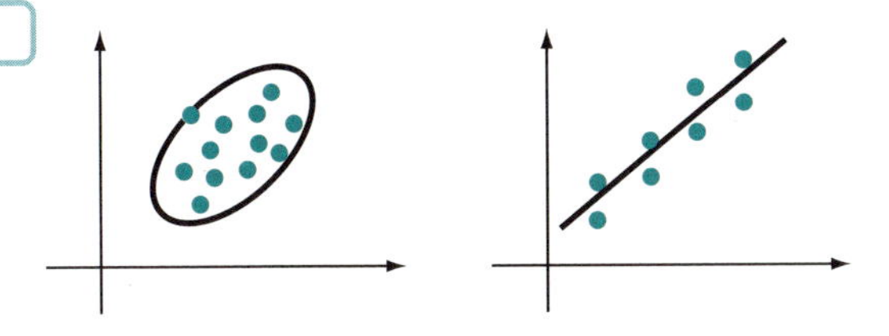

1-2

データを比べる

データの大小は平均を比べることでわかるでしょうか。実は私たちが判断に使っているのは平均だけではありません。ばらつきが重要な役割を果たしているのです。

55が50より大きくない？

55は50より大きいことは間違いありません。しかし、観測値が55のものと50のものを比較するとき、55のもののほうが確実に大きいとはいえません。それは観測値にばらつきがあるからです。

ばらつきがあったとしても、何回か観測して平均を比べればいいのではないかと思うかもしれません。しかし、この場合でも、ばらつきの大きさを考慮しなければ、平均だけでは的確な判断ができません。

平均の違いはばらつきの大きさで判断する

3つのお店（A、B、C）でそれぞれSサイズとMサイズのミカンを買ってきました。大きさにばらつきが見られるため、Mのほうが本当に大きいのか調べることにしました。5個ずつミカンを取り出して重さを測定しました。SとMの平均は3店とも同じになりましたが、ばらつきは店によって異なりました。

A店ではばらつきが大きく、SとMにそれほど差があるようには見えません。一方、C店ではばらつきは小さく、Mのほうが確かに大きいように思われます。平均が同じであっても差があるように見えたり見えなかったりするのは、このばらつきの大きさが重要な役割を果たしているからです。私たちは、平均の違いを見てどちらが大きいとか差があるとか判断しているように思っていますが、この「大きい」とか「差がある」という判断は絶対的なものではなく、「ばらつき」と比べて大きいとか差があるとかを相対的に判断しているのです。

平均の違いはばらつきの大きさで判断します。統計的手法では、ばらつきの大きさを定量的に把握し、平均の違いに有意な差があるかどうかについて、確率の尺度によって客観的な判断基準を与えているのです。

3つのお店のミカンの重さ

	A店		B店		C店	
サイズ	S	M	S	M	S	M
データ	66	55	58	55	52	55
	50	43	50	49	50	53
	54	71	52	63	51	57
	38	47	44	51	48	54
	42	59	46	57	49	56
平均	50	55	50	55	50	55

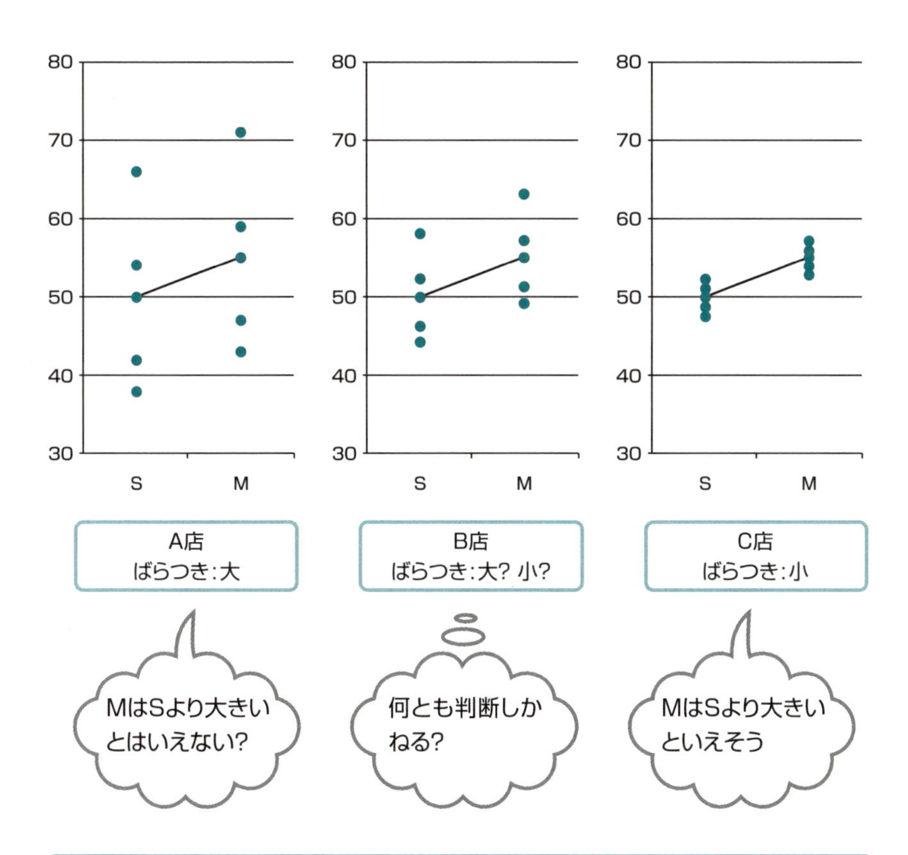

確率の尺度による客観的な判断基準

1-3

推測の確からしさ

ばらつきが大きいと推測結果も信頼が置けないものになります。推測結果の「確からしさ」は、ばらつきの大きさによって変わってきます。

データの個数によって推測結果が変わる？

ばらつきが大きいときには違いがわからないということを別の観点から見てみましょう。前節では、ミカンの重さを、5個のミカンを測定してその平均から判断しましたが、もし2個のミカンの平均で比較していたらどうなっていたでしょう。グラフでそのときの結果を示していますが、ばらつきの大きいA店ではSのほうが大きいという結果になっていて、5個のデータのときと2個のデータのときで推測結果が変わっています。一方、ばらつきが小さいC店では、いずれの場合でもMのほうが大きくなっています。ばらつきが大きいときには推測結果が変わりやすく、得られた結果の信頼性が低くなります。

今回は5個のミカンの重さを量ったのですから、2つのデータで判断するのではなく、5つのデータから判断するのが妥当でしょう。しかし、もし、6個目のミカンの重さを量ったなら、A店のようにばらつきが大きな場合には、さらに推測結果が変わる可能性が十分にあるのです。

推測結果の信頼性

ばらつきの小さいほうが推測結果は確からしく、ばらつきが大きいと、この確からしさが低くなります。A店ではどちらが大きいかを判断するとき、ばらつきが大きいために、誤差によって判断が変わってしまうのではないかということが危惧されます。

もし、データのばらつきが個々のミカンのばらつきではなく、測定器具の精度によるものであったなら、データのばらつきを小さくするには高価で精密な測定機器に変えることも考えなければなりません。しかし、推測の確からしさを向上させるには、測定精度はそのままでも測定回数を増やすことで実現できます。十分な数のデータがあれば推測結果の信頼性を上げることができます。

どちらのミカンが大きいか？

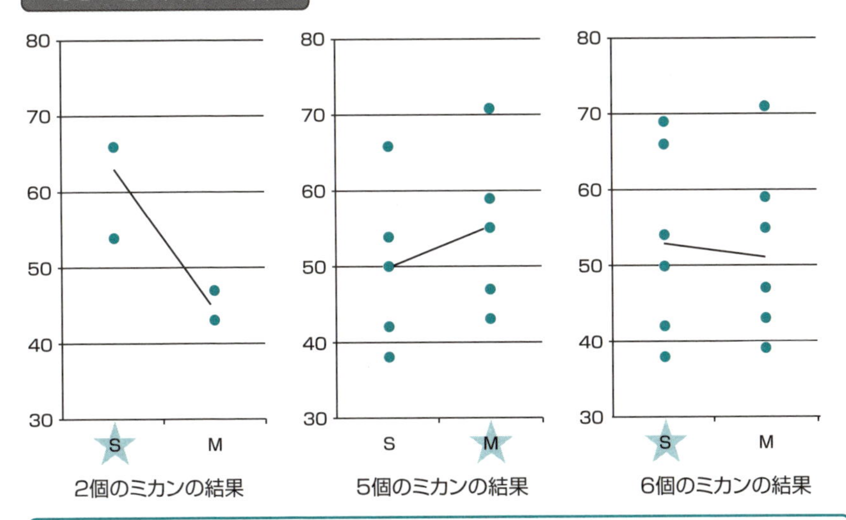

ばらつきが大きく、測定のたびに判断が変わってしまいます。

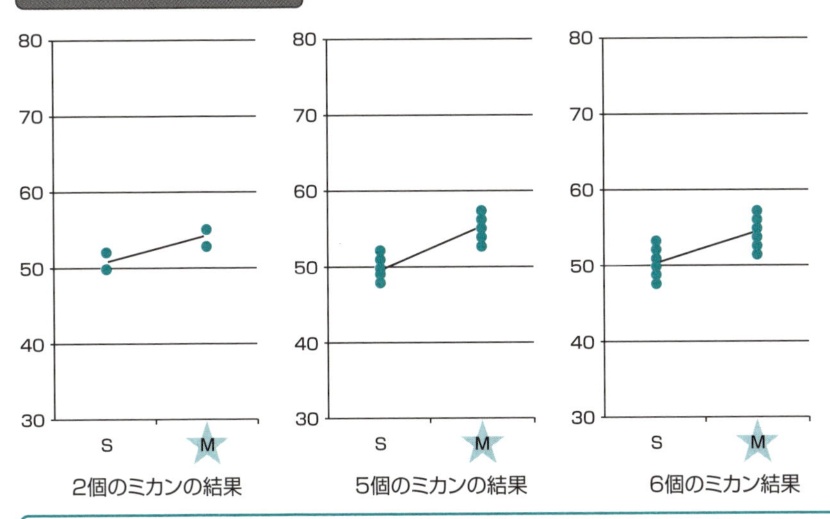

ばらつきは小さく、判断結果も安定しています。

1-4

特性の違いか要因の違いか

比較したい要因以外の条件設定は揃えておかないといけません。そうしなければ特性の違いが、要因の違いによるものか条件設定の違いによるものかを区別できません。

お菓子のパッケージをどう作るか

お菓子の新製品のパッケージを作るにあたって、形状、図柄、色調、寸法が与える印象を調べるために試作品を作って、モニター調査をすることになりました。形状は箱(S)か袋(R)の2種類、図柄はX、Y、Zの3種類、色調は赤(A)か青(B)の2種類、寸法は大(L)か小(M)の2種類の候補があります。

どの組合わせのときに最も印象がよくなるかを知るために、モニターに試作品を採点してもらうことにします。形状、図柄、色調、寸法の組合わせは全部で24通りありますが、モニター調査できるのは8種類です。さて、どのように8つの試作品を作ればいいでしょうか。

8つの試作品

次の8つの試作品を作ってモニター調査をしてみました。この結果から、どんなパッケージがいいかわかるでしょうか。

8つの試作品

No.	形状	図柄	色調	寸法	印象度
1	R	X	A	L	84
2	S	X	B	M	58
3	R	Y	A	M	50
4	S	Y	B	L	69
5	S	Z	A	L	77
6	R	Z	B	M	79
7	S	X	A	M	83
8	R	Y	B	L	63

どちらの形状がいいか

形状には箱Sと袋Rの2種類があり、それぞれ4つずつ試作しています。評価点の平均は、箱Sは71.75点、袋Rは69.00点です。箱Sのほうが袋Rより2.75点高いですが、箱Sのほうがよいといえるでしょうか。

箱Sと袋Rの内訳を見ると、色調と寸法は2種類が同じ数ずつ作られています。しかし、箱Sの4つには図柄Xが、袋Rには図柄Yが1つ多くあり、図柄の構成は異なっています。図柄Xと図柄Yの違いが箱Sと袋Rの違いにも含まれるので、箱Sと袋Rによる差が2.75点あるのではありません。

色調についても、赤Aの平均は73.50点、青Bの平均は67.25点ですが、図柄の組合わせが異なっているので、6.25点の差が色調による違いを表しているとは限りません。

各図柄の平均は、Xは75.0点、Yは60.7点、Zは78.0点です。しかし、他の要因の組合わせが揃っていないので、平均点の高い図柄Zの印象がいいとは限りません。比較しようとしている要因以外の設定が異なっていたら、単純に平均を比べるだけでは、どちらの得点が高いかわかりません。

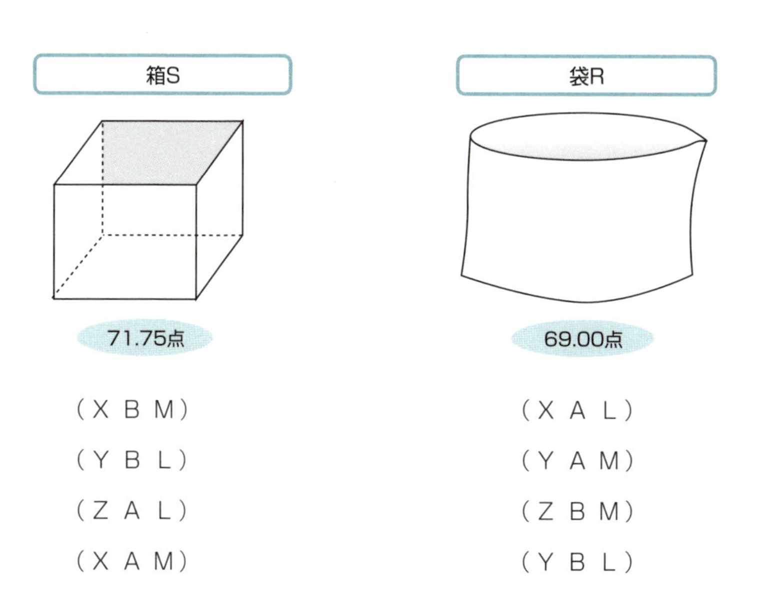

1-5

組合わせの巧み

比較する要因以外を同じ設定にしておけば、実験する組合わせを考えることで比較ができます。実験する組合わせを巧みに考えて実験の効率化をめざしましょう。

組合わせを計画する

お菓子のパッケージでは４つの要因を取り上げています。形状による違いを調べたいなら、各形状で図柄、色調、寸法の組合わせが同じであるように揃えます。同様に、図柄による違いを調べるには、形状、色調、寸法の組合わせを揃えます。他の要因による違いを調べたいときにも同じです。

では、８つの試作品から４つの要因による影響を同時に調べることはできないのでしょうか。適切な組合わせを選んで必要なデータを効率よく得るための実験を計画することで実現できます。

バランスのとれた計画

８個のパッケージの試作品のうち、No.8の図柄をＹからＸに変更します。すると、箱も袋も図柄はＸが２つ、ＹとＺが１つとなります。色調と寸法は各種類が２つずつあるので、箱Ｓと袋Ｒの差には他の要因の影響は含まれません。色調、図柄、寸法についても、他の要因の組合わせは同じになっています。

平均の比較

新しい試作品No.8の印象度は60点でした。このとき、要因ごとに平均を計算してみます。

要因ごとの平均の比較

形状		図柄			色調		寸法	
S	R	X	Y	Z	A	B	M	L
71.75	68.25	71.25	59.50	78.00	73.50	66.50	67.50	72.50
○				○	○			○

形状S、図柄Z、色調A、寸法Lの組合わせが最もよいことがわかります。全体の平均は70点ですから、形状をSにすると+1.75点、図柄をZにすると+8.00点、色調をAにすると+3.50点、寸法をLにすると+2.50点となります。したがって、最良の組合わせでは合計で+15.75点となり、印象度は85.75点になると推測されます。

24通りある組合わせの中から8通りの試作品しか作っていません。すべての組合わせでデータを取らなくても、最適となる組合わせを推測することができます。このような8通りの組合わせを考えるのに有効なのが直交配列表です。この考え方は第4章で説明します。

本当に最良なのか？

最良の組合わせとして得られたパッケージは、実際にNo.5の試作品で作られており、その印象度は77点です。これは、推測された評価点の85.75点よりかなり小さいですし、その他のNo.1、6、7の試作品のほうが高くなっています。本当にこの組合わせが最良なのでしょうか。この方法による推測はうまくいかないのでしょうか。

この実験計画には、このような結果になったと考えられるいくつかの理由があります。次の節で考えてみましょう。

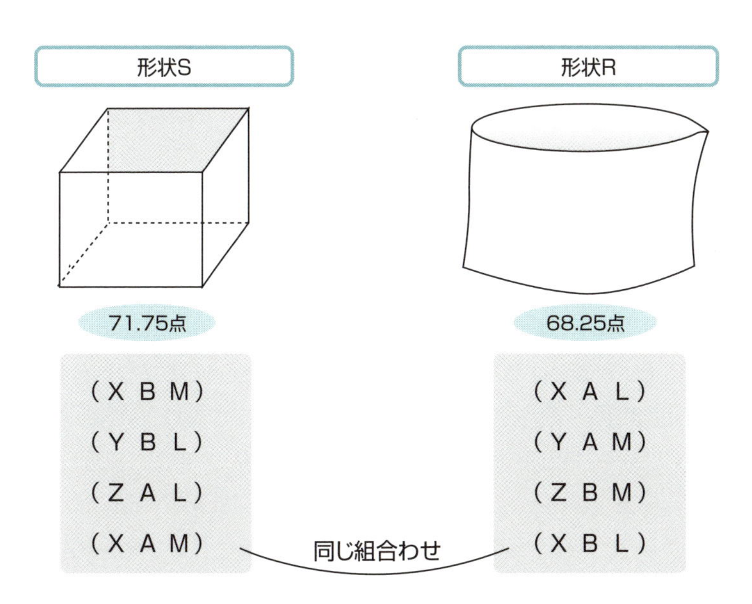

1-6
最適な組合わせを見付ける

データからわかった平均の違いをさらに統計的に解析します。誤差の大きさを推測したり、複数の因子の組合わせによって生じる効果を考えたりする必要があります。

誤差による違いかもしれません

データには誤差が含まれていますから、推測値と実際の値がぴったりと一致することはほとんどありません。推測値との差がそんなに大きくなければ、誤差によるものと考えられるでしょう。もし、推測値が大きくかけ離れたものであったら、解析に用いた統計モデルが間違っていることも考えられます。でもこの違いが多少の違いか大きな違いかは主観的になってしまいますから、ここで統計的な尺度による客観的な判断を行う必要があります。

統計的推測には仮説検定や推定が使われます。データには誤差などによるばらつきがあります。このばらつきを正しく的確にとらえることが必要です。第2章では、統計的手法の基礎となる仮説検定や推定の方法を説明します。

因子による違いは確かですか

形状の違いには平均で3.5点の差があります。しかし、1-2節で説明したように、違いがあるかどうかは平均の違いとばらつきの大きさを比べて判断しないといけません。3.5点の差が誤差程度と見なされるのなら、形状の違いは評価には影響していないと見るべきで、この差を推測に用いてはいけません。いくら小さな差であっても、誤差と見なされる差を足し合わせると大きな違いになることがあり、推測値が大きく見積もられてしまいます。

因子による違いが確かにあるかどうかを統計的に判断するのが**分散分析**です。平均の違いが誤差に比べて大きいかどうかを判断します。つまり、平均の違いが誤差程度の違いではなく、確かな違いであるかどうかを判断します。1つの因子を取り上げるのが一元配置実験、2つの因子を取り上げるのが二元配置実験、たくさんの因子を取り上げることができるのが直交配列表実験です。これらが実験計画法の重要な解析手法で、第3章以降で説明します。

因子の組合わせによる効果があるかもしれません

複数の因子を同時に取り上げるときには、それらの組合わせによる効果があるかもしれません。組合わせ効果とは、一方の因子の取る水準によって他方の因子の受ける効果のことで、**交互作用**といいます。

例えば、図柄Xなら色調Aのほうが好ましいが、図柄Zなら色調Bのほうがいいという場合です。このような場合には、図柄と色調は別々に考えるのではなく、図柄と色調の組合わせで効果を求めなければなりません。

交互作用の有無

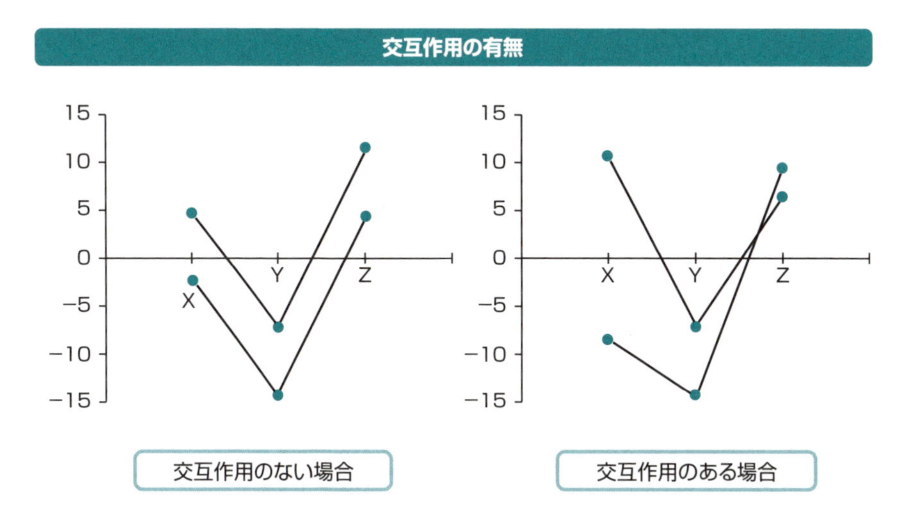

交互作用は第３章で詳しく説明します。２つの因子を取り上げる二元配置実験では、交互作用があるかどうかを十分に検討することは大切です。直交配列表実験ではたくさんの因子を取り上げるので、たくさんの交互作用が現れるかもしれません。

一度の実験で多くの因子を取り上げた実験を計画できれば、効率よく解析ができます。そのときには交互作用を適切に取り上げなければなりません。そのために必要な実験計画については第４章で説明します。

1-7

実験計画法でわかること

実験計画法で用いられる用語を整理して、実験計画法ですること、わかること、そして、どんな解析方法があるかをまとめておきます。

実験計画法の準備

実験において測定の対象となるのが**特性**です。この特性に影響を及ぼすと考えられ、実験で取り上げるものを**因子**といいます。取り上げた因子の条件を変えて実験して、特性を測定することになります。この設定した条件のことを**水準**といいます。因子が特性に与える効果には、各因子の水準が変わることで生じる**主効果**と複数の因子の組合わせによって生じる**交互作用**があります。これらを合わせて**要因**といいます。

実験を計画するときには、まず目的に合った特性を選ぶことが必要です。そして、特性に影響を及ぼすと思われる因子は、特性要因図や連関図などを用いて探ることになります。因子数や設定する水準数、さらには明らかにしたい要因効果などに応じて、適用する手法が決まってきます。

一元配置実験：1つの因子を取り上げて各水準で繰り返し行う実験。

二元配置実験：2つの因子を取り上げて各水準組合わせで行う実験。繰返しのある場合は交互作用効果も判定できます。

直交配列表実験：多くの因子を取り上げるとき、すべての水準組合わせではなく、一部の水準組合わせで行う実験。どの水準組合わせで実験するかを、直交配列表を使って決めます。

データを取る

　データは無作為に取られなければなりません。適当に取るというのではなく、ランダムな順序で実験を行うことが求められます。取り上げた因子以外の条件はすべての実験で揃えておくことが原則ですが、実験の順序をランダム化するのは無用な誤差を排除するのが目的です。完全なランダム化ができないときには、実験を分割したり実験の場をブロックに分けたりすることもあります。

データを解析する

　統計的手法がデータ解析で大きな役割を果たします。データのばらつきを要因によるばらつきと、誤差によるばらつきに分解し、要因効果があるかどうかを検定するのが分散分析です。

　その結果から、要因効果のあった主効果や交互作用を特定し、これらの因子に対しては、特性を高めるのに最も適した水準を求めます。そして、そのときの特性値の母平均や水準間の母平均の差を推定したり、将来取るデータを予測したりします。誤差の大きさを正しくとらえることで、推定値の信頼区間やデータの予測区間を求めることもできます。

結果を検証する

　最適水準が得られたら、その水準で確認実験をするようにしましょう。一部の組合わせしか実験していない場合は、最適な水準組合わせで実験をしているとは限らないですし、推定した結果を確かめることにもなるので確認実験は有効です。

　また、ここで得られた最適水準は、設定した水準値や水準数による実験から得られたものです。他の設定で実験をすれば異なった結果となることもあります。得られた結果が目標を達成しているか、より高い特性値を与える水準を求めて探索を続けるかなどを検討します。

　実験の結果を受けて、次に実施する実験の計画を立てます。取り上げる交互作用をどうするか、水準の設定値や水準数をどう取るかなどを再度検討し、適切な手法を選択して実験を計画することを繰り返すことになります。

MEMO

第2章

統計的手法の基礎

統計学はばらつきの学問ともいえます。ばらつきの現れ方をコントロールして、データのばらつきを解析します。この章では、統計量やその確率分布、基本的な検定と推定の考え方を説明します。これらを応用していろいろな実験計画法が展開されていきます。

2-1
母集団と標本

調査対象である母集団の様子は母集団から取り出された標本によって推測されます。したがって、標本は母集団を適切に反映するように選ばれなければなりません。

全数調査と標本調査

国勢調査では国民全員を調査します。しかし、世論調査では一部の人だけを調査します。全員を調査するには多くの時間や費用がかかりますが、すべてを知ることができます。これを**全数調査**といいます。

これに対して、一部だけを取り出して調査するのが**標本調査**です。取り出したものを**標本**、あるいは**サンプル**といいます。一部を調べることで全体の様子を探るときに統計的な解析が用いられます。

調査や実験の対象となる集団全体を**母集団**といい、その母集団の特性を表す数値を**母数**、またはパラメータといいます。代表的な母数が**平均**です。統計的推測では、標本から計算される**統計量**を用いて、母集団の特性を明らかにします。

アンケート調査などでは、調査対象が母集団で、その中から選ばれた人が標本です。また、ある物質の特性値を調べる場合に、実験してデータを取りますが、このときの母集団は物質の特性で、標本は得られたデータです。得られたデータ（標本）から物質の真の特性（母数）を推測することになります。

標本の選び方

世論調査において、ある地域の人だけを調べたり、夕方に街頭で調べたりしたのでは、その地域に住んでいない人や夕方に出歩かない人は調査の対象にはなりえないので、この調査結果は国民全体を代表する意見とはいえません。

母集団の特性を標本から得られる情報に基づいて推測するには、標本は母集団全体から偏りなく選ばれ、母集団を正しく代表するものでなければなりません。母集団の各々の要素に対して、標本に選ばれる確率が等しくなるような方法で標本を選ばなければなりません。そのような方法は無作為抽出法、あるいは**ランダムサンプリング**と呼ばれます。

標本調査では、実際にどの標本を調べるかによって誤差が生じてきますが、この誤差を**標本誤差**、あるいは**サンプリング誤差**といいます。

標本調査とは

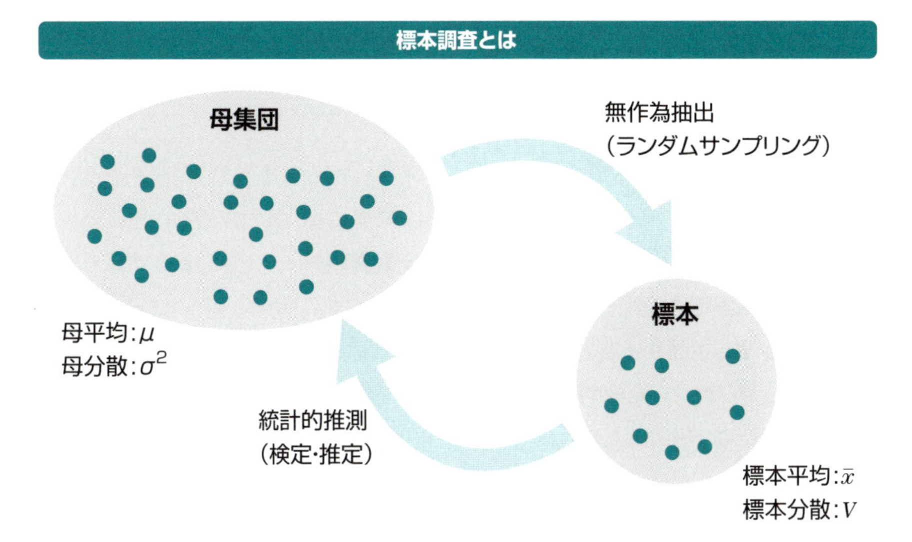

母集団と標本

標本調査は、ランダムサンプリングで取り出された標本から母集団の特性を知るために行われます。得られた標本から計算した平均である標本平均と、母集団の平均である母平均は同じではありません。母平均は一般にはわかっていませんから、これを得られた標本から推測するのが統計的推測です。

母集団の特性には、平均のほかにばらつきを表す母分散などがあり、標本から計算される標本平均や標本分散などから推測されます。

2-2
誤差とばらつき

データがばらつく原因の１つに誤差があります。その誤差にも発生原因によっていくつかの種類があります。

誤差のいろいろ

誤差とは真の値と測定値のずれをいいます。誤差には、標本を取るときに発生する**標本誤差**、データを計算するときに発生する**計算誤差**、データを測定するときに発生する**測定誤差**や**観測誤差**などがあります。

標本誤差は母集団からどの標本を取ってくるかによって生じる誤差です。ランダムサンプリングによって標本誤差を小さくすることができます。

計算誤差には、四捨五入や切捨てなどによる丸め誤差、計算を途中で止めて近似値を求めたときの打切り誤差、値がほぼ同じ数値の引き算のときに生じる桁落ちなどがあります。有効数字に注意し、計算誤差の生じないようにします。

偶然誤差と系統誤差

測定誤差には**偶然誤差**と**系統誤差**があります。偶然誤差は測定ごとにランダムにばらつくものですが、系統誤差は測定の繰返しに対して一定となります。

例えば、１ミリメートルの目盛りの定規で長さを測るとき、0.1ミリメートルを目分量で読むときの誤差は偶然誤差ですが、定規が正確でないなど、測定器の性能などによって生じるずれが系統誤差です。

系統誤差はその原因がわかれば取り除くことができます。しかし、実際にはいろいろな原因による誤差が合わさっているので、系統誤差をなくすことは難しいものです。しかし、ランダムにサンプリングすることによって系統的な誤差を入りにくくすることができます。

偶然誤差は測定の精度を規定するもので、測定のたびにどんな大きさの誤差になるかわからないため、個々のデータにおいてそれを取り除くことはできません。しかし、繰返し測定によって十分な回数の測定を行うことで、推定精度を上げることができます。

系統誤差を偶然誤差へ

2人の実験者PさんとQさんによって、2つの試料（A, B）の特性値を測定してその違いを検出する実験をします。実験者による偏りが系統誤差で、実験で生じる測定による誤差が偶然誤差です。

もし、Pさんが試料Aを、Qさんが試料Bを測定したとします。PさんとQさんに偏りがなければ、どちらの試料の特性値が大きいかを判断することができます。

しかし、もし実験者による偏りがあれば、試料Aより試料Bのほうが大きかったとしても、それが試料の違いによるものか実験者の偏りによるものかがわかりません。

試料を半分に分けて、PさんとQさんが両方とも測定すれば、2人の偏りを除外して特性値の大きさを判断することができます。また、このときには実験者の違いも検出することができます。

試料をきっちり半分に分けなくても、試料を実験者にランダムに割り当てることで、系統誤差を偶然誤差に変えることができます。各試料はどちらの実験者が測定するかを1/2の確率で選択することになり、実験者による偏りも偶然誤差となります。

誤差の現れ方

Pさん 高めの測定値	Qさん 低めの測定値	誤差の現れ方
Aだけを測定	Bだけを測定	Aのほうが高く出ても、Pさんが測定したのが原因かもしれない。結局、何もわからない。
A, Bを同数だけ測定		測定者による違いは生じない。
どちらが測定するかランダムに決める		測定者による違い（系統誤差）は、偶然誤差になって現れる。

2-3

データの代表値

たくさんのデータがあるとき、そのデータを代表するのが統計量です。統計量には中心的傾向やばらつきの傾向を表すものがあります。

統計量とは

たくさんのデータに対して、それらがどのような傾向にあるかをいうとき、データから計算される値で表現します。例えば、ある店（A店）で買ってきたミカンの重さを量って、以下の10個のデータを得ました。

53, 49, 63, 51, 57, 61, 49, 66, 49, 52 (g)

A店のミカンがどれくらいの重さかをいうとき、10個の測定データのままではよくわかりません。合計や平均を計算してみようとするでしょう。また、大きいミカンと小さいミカンが交ざっているようだけど、どれくらいばらついているかも気になるところです。そのときは分散を計算します。

データから計算されるものを**統計量**といいます。統計量には中心的な傾向を表すものと、ばらつきの傾向を表すものがあります。代表的な統計量として、中心的傾向を表す**平均**、**中央値**、**最頻値**や、ばらつきの傾向を表す**平方和**、**分散**、**標準偏差**、**範囲**があります。

中心的傾向を表す統計量

最も代表的な統計量は平均でしょう。10個のミカンの重さの平均は、合計の重さを計算して10で割ると求められます。テストでの平均点は受験者の傾向を表すものとしてよく用いられます。平均点が中央の値で、この付近の点数を多くの人が取っているように思いがちですが、必ずしもそうではありません。

平均のほかにも、データを大きさの順に並べたとき中央にくる値である中央値（メジアン）や、最も多く現れているデータの値である最頻値（モード）も、中心的傾向を表す統計量です。

平均は異常値や外れ値の影響を受けやすく、中央値はあまり影響を受けないという特徴があります。一方で平均のほうが求めやすく、外れ値などのない状況で用いれば、その統計的性質も優れていることから、分布の代表値として最もよく使われています。対称な分布では平均と中央値は一致しますが、一般にはこれらは異なった値となります。

統計量の求め方

n 個の標本 $x_1, x_2, \ldots, x_n$ があるとき、**平均**は次の式で表されます。

$$\text{平均}：\bar{x} = \frac{1}{n}(x_1 + x_2 + \cdots + x_n) = \frac{1}{n}\sum_{i=1}^{n} x_i$$

ミカンの重さでは、平均値は55.0gです。

$$\textbf{平均}：\bar{x} = \frac{1}{10}(53 + 49 + 63 + 51 + 57 + 61 + 49 + 66 + 49 + 52)$$
$$= \frac{550}{10} = 55.0$$

中央値は、10個を大きさの順に並べたときに真ん中にくる値、つまり、5番目と6番目の値です。小さい順に並べると、49、49、49、51、52、53、57、61、63、66となりますから、それぞれ52と53です。この間を取って、中央値は52.5となります。49が3個と最も多いので、**最頻値**は49です。

平均は最もよく使われる統計量ですが、中心を表しているわけではありません。左に偏っている分布では3つの統計量は図のような関係にあります。平均の重さを持ったミカンは1つもありませんし、平均より小さいミカンのほうがたくさんあります。

中心的傾向を表す統計量

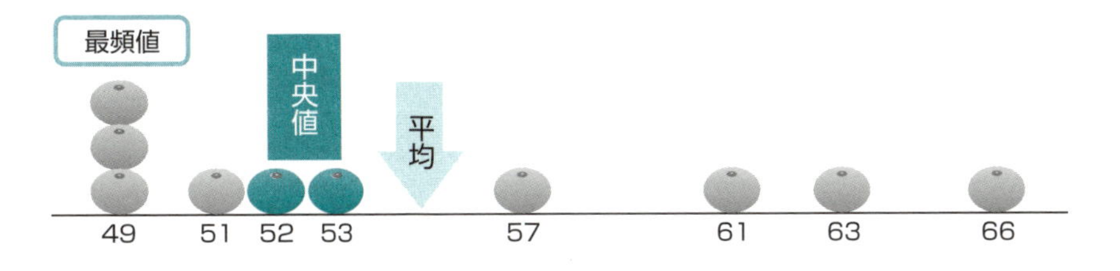

2-4

ばらつきを表す統計量

ばらつきの大きさを示すものに分散があります。統計的なデータ解析をするときには、ばらつきは重要な役割を果たす統計量です。

ばらつきを表す統計量

ばらつきとはデータがどの程度散らばっているかを表すものです。そこでばらつきの大きさを、最も大きい値と最も小さい値の差で見ることもできます。これを**範囲**といいます。ミカンの重さは49gから66gの間にありますから、範囲は17gとなります。

範囲は最大値と最小値の２つのデータのみから計算されるため、たくさんのデータが得られているときには、特に異常値や外れ値の影響を受けやすくなります。

平均からどのくらい離れているかで、ばらつきの大きさを表すこともできます。10個のミカンは平均55gでした。それぞれのミカンは平均からどのくらい離れているかを計算すると、

$$-2, -6, +8, -4, +2, +6, -6, +11, -6, -3$$

となります。これらを２乗して足し合わせたものを**平方和**といいます。データが平均に近いほど平方和は小さい値となり、平均の周りに集まっていることになります。ミカンのデータでは、平方和は、

$$S = (-2)^2 + (-6)^2 + 8^2 + (-4)^2 + 2^2 + 6^2 + (-6)^2 + 11^2 + (-6)^2 + (-3)^2 = 362$$

です。データ数が増えると平方和も大きくなっていくので、ばらつきの指標とするために、平方和をデータ数で補正します。これが**分散**です。

また、分散の平方根を取ったものを**標準偏差**といいます。分散の単位はデータの単位の２乗になりますが、標準偏差の単位はデータの単位と一致します。

統計量の求め方

平方和を計算するとき、個々のデータから平均を引いて２乗するのは計算が煩雑になるので、まず個々のデータの２乗和を計算し、平均の２乗のn倍を引いて求めます。分散は平方和を（データ数－１）で割ったものです。データ数で割るのではありません。

平方和：$S = \sum_{i=1}^{n} x_i^2 - n\bar{x}^2$

分散：$V = \frac{S}{n-1}$

標準偏差：$s = \sqrt{V}$

ミカンのデータから平方和、分散、標準偏差を計算してみます。まず、10個のデータの２乗和30612を求めます。

平方和：$S = 30612 - 10 \times 55.0^2 = 362$

分散：$V = \frac{362}{10-1} = 40.22$

標準偏差：$s = \sqrt{40.22} = 6.34$

分散の比較

別のお店（B店）で買ってきたミカン10個の重さを量ってみました。

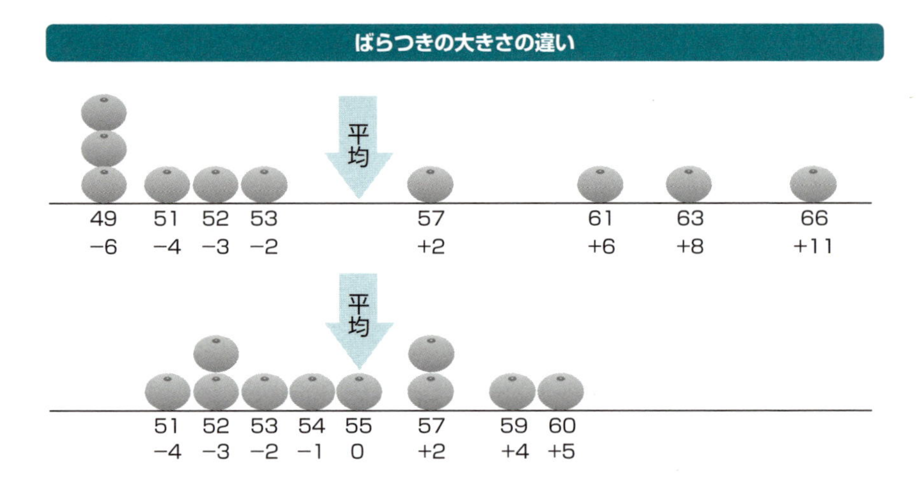

B店のミカンのほうがばらつきが小さいです。分散の大きさも確かに小さくなっています。

平方和：$S = (51^2 + 52^2 + 52^2 + 53^2 + \cdots + 60^2) - 10 \times 55.0^2 = 88$

分散：$V = \dfrac{88}{10-1} = 9.78$

統計量と母数

平均や分散は母集団分布でも使われます。母数と統計量を区別するために、標本から計算される統計量は**標本平均**や**標本分散**といい、母集団の母数は**母平均**や**母分散**といいます。一般的に使う記号も標本平均は「$\bar{x}$」、標本分散は「V」を用い、母平均は「μ」、母分散は「σ^2」を用います。

2-5 確率分布

ヒストグラムはデータの散らばりの様子を図によって表したものです。確率分布とはデータの散らばりを数式で表現したものです。

確率変数と確率分布

どんな値が得られるかが不確かであっても、その値がある特定のルールに従って現れるとき、このルールを記述する方法の1つが確率の考え方です。

変数Xの取る値は不確かでも、ある値を取る確率が決まっているとき、Xを確率変数といいます。そして確率変数とその確率の関係を表したものを確率分布といいます。

例えば、さいころは振ってみないとどの目が出るかわかりませんが、それぞれは確率1/6で出ることがわかっているので、さいころの目Xは確率変数です。

このときの確率分布は、

$$\Pr(X = k) = \frac{1}{6}, \quad k = 1, 2, 3, 4, 5, 6$$

と表します。これは確率変数Xが値kを取る確率が1/6であることを示しています。

誤差などのばらつきのある場合は、実際に測定してみないとどんな値が出てくるかわかりません。しかし、誤差の確率分布がわかると、その値がどんな確率で出てくるかを知ることができるようになります。

ヒストグラムと確率分布

ミカンの重さを100個量ってヒストグラムを描いてみました。

100個のミカンのヒストグラム

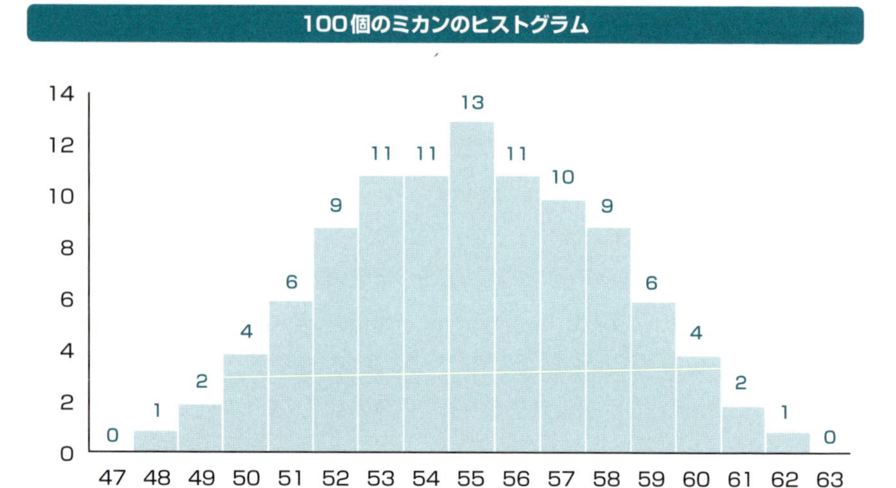

縦軸には度数を取りますが、測定数が増えると度数も大きくなるので、これを全データ数で割って、全体に占める比率とします。

全体に占める比率のグラフ

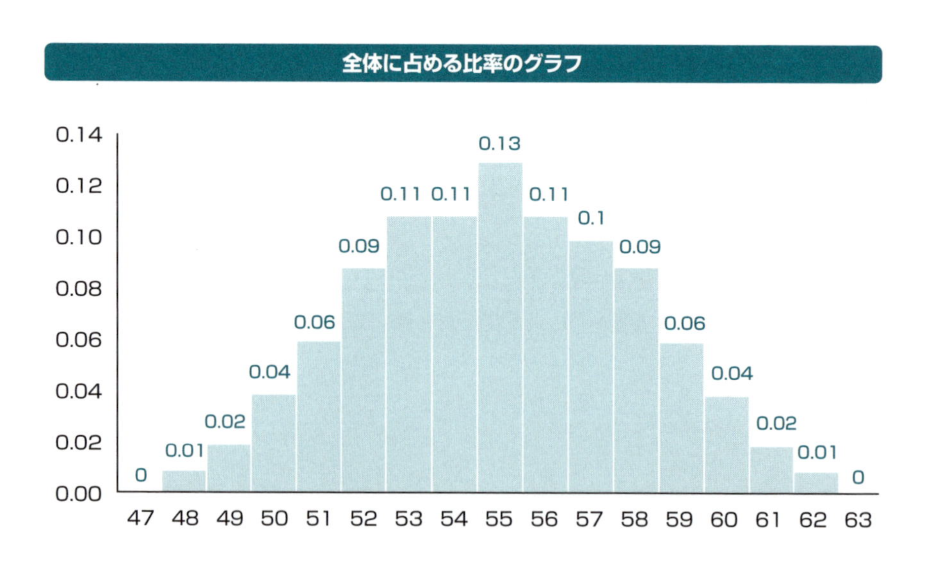

例えば、重さが50gから52gまでのミカンは、

4 + 6 + 9 = 19個

ありますから、100個のミカンでは、重さが50gから52gまでの確率は0.19となります。

これは、その間にある棒の合計、つまり、棒の面積で求められます。

確率密度関数

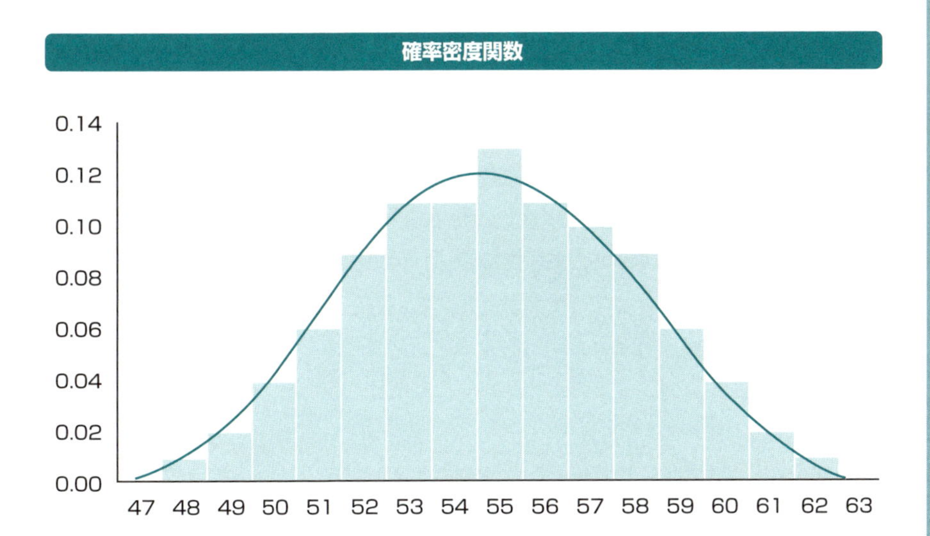

このグラフに曲線を当てはめたとき、これを**確率密度関数**といいます。確率密度関数は確率分布の形状を表すものです。

これを$f(x)$と表すと、区間$[a, b]$の間の値を取る確率は、aとbで囲まれる面積になります。

$$\Pr(a \leq X \leq b) = \int_a^b f(x)dx$$

確率密度関数は確率そのものを表しているのではなく、起こりやすさの程度を表していると考えればいいでしょう。

2-6

正規分布

統計的データ解析において最も重要な確率分布が正規分布です。**誤差分布**とも呼ばれ、多くの場合、データのばらつきは正規分布に従っています。

正規分布

データをたくさん取って、ヒストグラムにまとめると分布の形状が見えてきます。これに関数を当てはめると確率密度関数が得られ、これに基づいていろいろな確率計算ができるようになります。

しかし、いつもデータをたくさん取れるわけではありません。実験における測定誤差は、ある一定の分布に従っていると仮定します。その分布が**正規分布**です。

正規分布は、測定誤差などのばらつきを持つデータの多くが従うと仮定される確率分布です。正規分布の確率密度関数は、

$$f(x) = \frac{1}{\sqrt{2\pi\sigma^2}} e^{-\frac{(x-\mu)^2}{2\sigma^2}}$$

で表されます。

正規分布には2つのパラメータμとσ^2があり、記号で$N(\mu, \sigma^2)$と書きます。μは平均、σ^2は分散です。つまり、平均μと分散σ^2が決まると正規分布の形状が決まります。

正規分布は平均を中心にして左右対称の釣鐘形をしており、平均のときの確率密度が最大となります。

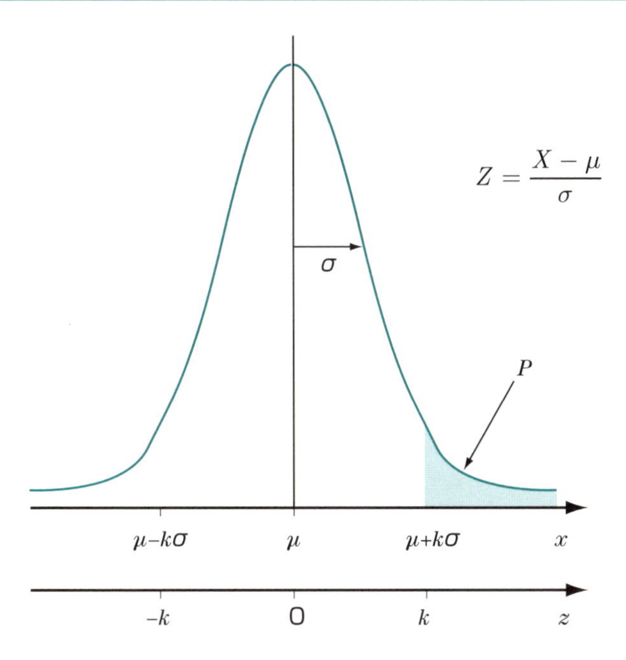

正規分布の確率

平均μと分散σ^2の正規分布における確率を計算するには、まず、平均0と分散1を持つ標準正規分布に変換します。

正規分布$N(\mu, \sigma^2)$に従う確率変数Xに数値変換$Z = \frac{X - \mu}{\sigma}$をすると、確率変数$Z$は標準正規分布$N(0,1^2)$に従います。この変換を**標準化**といいます。$Z$は平均からの距離が標準偏差の何倍であるかを示すものです。

標準正規分布$N(0,1^2)$における確率は、Excelで簡単に求められますが（6-2節参照）、よく使う数値を次の表にまとめておきます。

この表のPとは、Zがkより大きくなる確率Pのことで、**右側確率**ともいいます。

k から P を求める表

k	1.0	2.0	3.0	4.0
P	0.1587	0.0228	0.0013	0.00003

P から k を求める表

P	10%	5%	2.5%	1%	0.5%	0.1%
k	1.282	1.645	1.960	2.326	2.576	3.090

これらの表より、例えば、Zが1より大きい確率 $\Pr(Z \geq 1.0)$ は15.87%、Zの絶対値が2以上となる確率 $\Pr(|Z| \geq 2.0)$ は$0.0228 \times 2 = 4.56\%$ です。

また、右側確率 $P = 5\%$ となるのは $k = 1.645$ 、左側確率が$P=2.5\%$となるのは$k = -1.960$、などがわかります。

一般の正規分布の場合は、まず標準化をしてから計算します。

例えば、Xが平均55、標準偏差7の正規分布$N(55, 7^2)$に従うものとします。Xが62以上となる確率は、62を標準化すると、$(62-55)/7 = 1.0$となり、

$$\Pr(X \geq 62) = \Pr(Z \geq 1.0) = 0.1587$$

より15.87%です。

また、Xが41から69までとなる確率は、41を標準化すると-2.0、69を標準化すると2.0となり、

$$\Pr(41 \leq X \leq 69) = \Pr(-2.0 \leq Z \leq 2.0) = 1 - 0.0456 = 0.9544$$

より95.44%です。

2-7
誤差の仮定と中心極限定理

誤差の持つべき基本的な性質として4つの仮定があります。また、データがたくさん集まるとある一定の法則が見えてきます。誤差が正規分布となる根拠でもあります。

誤差の仮定

データがばらつく原因は誤差だけではありません。同じ条件で測定していれば、データのばらつきは測定誤差によるものになりますが、異なった条件で測定したら、結果も変わってしまい、データのばらつきが大きくなると考えられます。

統計的手法は、ばらつきの原因を探るための手法ともいえます。誤差によるばらつきと他の要因によるばらつきを区別するためにも、誤差には次の4つの仮定が設けられています。

不偏性　誤差に偏りがないという性質です。誤差の平均が0になっているとき、誤差に不偏性があるといいます。

独立性　誤差が互いに独立であるという性質です。誤差の大きさが他の誤差の影響を受けないときに、誤差に独立性があるといいます。

等分散性　誤差の大きさが一定であるという性質です。誤差の分散が等しいことを等分散性といいます。

正規性　誤差が正規分布に従っているという性質です。このことを正規性があるといいます。

これらの4つの性質を満たしているとき、誤差は平均0と分散σ^2の正規分布$N(0,\sigma^2)$に互いに独立に従うと仮定します。

大数の法則

データが互いに独立で、同じ平均μと分散σ^2を持つとき、データ数を限りなく大きくすると、これらの平均$\overline{X}_n$は確率1でμに収束します。これを**大数の法則**といいます。つまり、データをたくさん取って標本平均を計算すると、母平均μに近付いていきます。例えば、ミカンの重さの母平均を知りたいとき、10個の平均より20個の平均のほうがより母平均に近くなる可能性が高くなります。

中心極限定理

データが互いに独立で、同じ平均 μ と分散 σ^2 を持つ同じ分布に従うとき、データ数を限りなく大きくすると、これらの平均 $\bar{X}_n$ の分布は平均 μ と分散 σ^2/n を持つ正規分布に近付いていきます。これを**中心極限定理**といいます。

つまり、どんな分布でも、ある分布に従うデータを十分に取ると、その平均の分布は正規分布に近付いていきます。

誤差には様々な原因があると考えられます。誤差がそれらの和で表されるなら、誤差が正規分布に従っているという仮定は、この定理からも説明されます。

中心極限定理

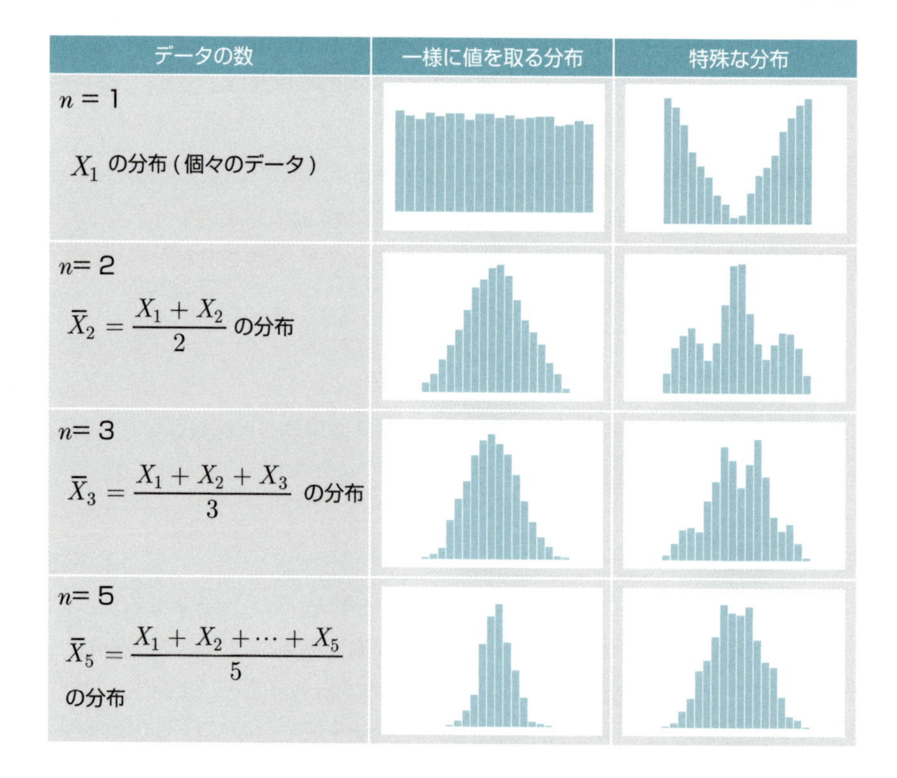

2-8
標本平均の分布

標本平均は正規分布に従います。データ数が多くなると、標本平均の分散は小さくなります。たくさんのデータから平均を求めることで、精度を高めることができます。

標本平均のばらつき

たくさんあるミカンの中から3個のミカンをランダムに取り出して標本平均を求めることを5回繰り返したとします。**標本平均**は取り出してくるミカンによって変わるので、5つの標本平均は同じ値にはなりません。このように標本平均にはばらつきがあります。

A店で売られているミカンの重さは平均55g、分散$(7g)^2$の正規分布をしているとしましょう。この店でミカン10個を買ってきました。その平均はどうなるでしょう。

標本平均の分布

母平均μと母分散σ^2の正規分布に従う母集団からn個のデータ$X_1, X_2, ..., X_n$をランダムに取り出したとします。個々のデータX_iは平均$E(X_i)=\mu$、分散$V(X_i)=\sigma^2$を持つ正規分布に独立に従います。このとき、標本平均$\overline{X}_n$の平均は母平均と同じです。

$$E(\overline{X}_n) = \mu$$

標本平均$\overline{X}_n$の分散は母分散の$1/n$になります。

$$V(\overline{X}_n) = \frac{\sigma^2}{n}$$

つまり、標本平均は平均μ、分散σ^2/nの正規分布に従います。

標本平均の分布：$\overline{X}_n \sim N(\mu, \frac{\sigma^2}{n})$

第2章 統計的手法の基礎

10個のミカンの標本平均$\overline{X}_{10}$は、どの10個を買ってくるかによって変わります。そのため$\overline{X}_{10}$の値もばらつきます。母集団が正規分布していると$\overline{X}_{10}$の確率分布も正規分布となり、その平均は個々のミカンの平均と同じ55gです。分散は母分散の1/10になりますから、$7^2/10$です。

標本平均を計算するときには、合計をデータ数で割りますから、何個のデータを取ったかは標本平均の値には関係なくなります。しかし、データ数が多くなればなるほど、標本平均の分散は小さくなります。

標本平均の分布

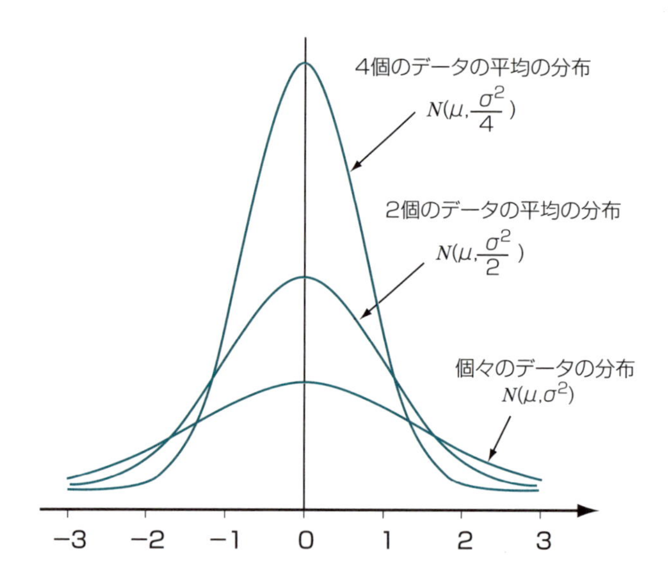

データ数と分布の関係

平均0、分散1の標準正規分布に従う母集団からデータを取ってきます。n個のデータの平均値$\overline{X}_n$を10000回求めて、その平均$\overline{x}$と分散Vを計算しました。平均は変化していませんが、分散は$1/n$になっていることがわかります。

データ数と正規分布の形状

$n = 1$

1 つのデータ

$\overline{x} = -0.006$

$V = 1.024$

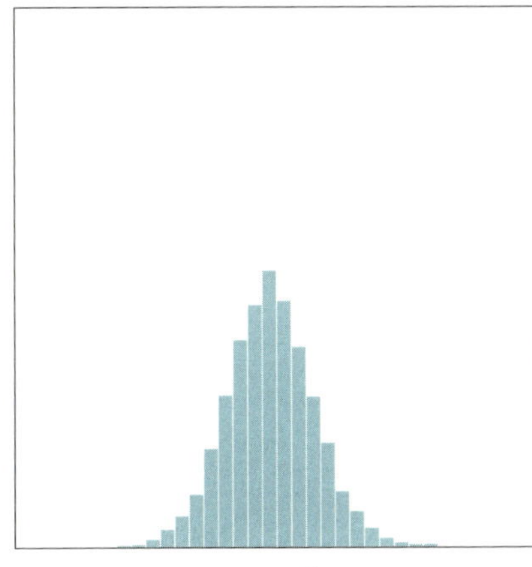

$n = 3$

3 個の平均

$\overline{x} = 0.005$

$V = 0.329$

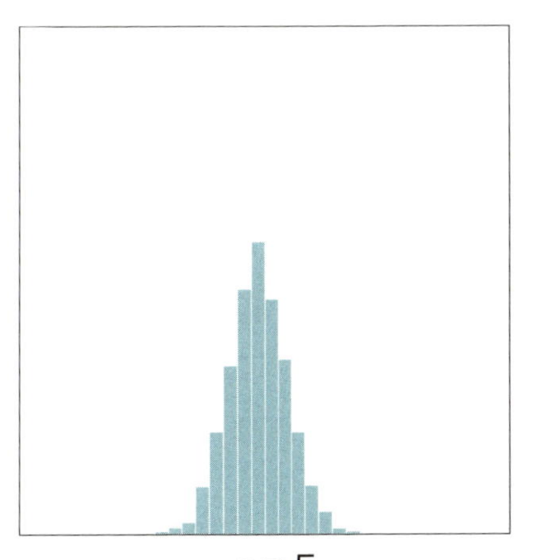

$n = 5$

5 個の平均

$\overline{x} = 0.006$

$V = 0.198$

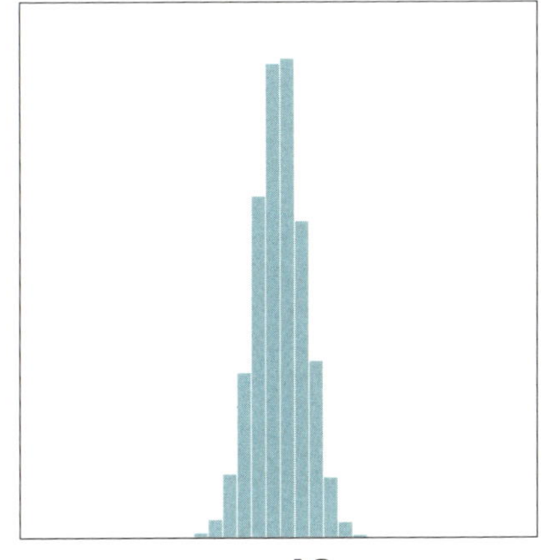

$n = 10$

10 個の平均

$\overline{x} = 0.001$

$V = 0.098$

2-9

標本分散の分布

正規分布に従う確率変数を２乗すると、カイ２乗分布に従う確率変数になります。標本分散のもとになる平方和はカイ２乗分布に従う統計量です。

平方和のばらつき

データの**平方和**や**標本分散**も、標本平均と同じようにデータから計算されますから、取ってくるデータによるばらつきがあります。つまり、どのミカンを取り出したかによって平方和の値も変わりますから、平方和にもばらつきがあります。平方和の分布は**カイ２乗分布**という分布になります。

カイ２乗分布

標準正規分布$N(0, 1^2)$に従うn個の確率変数$X_1, X_2, ..., X_n$があるとき、これらを２乗して足し合わせた$Y = X_1^2+X_2^2+...+X_n^2$の従う分布をカイ２乗分布といいます。

カイ２乗分布には、**自由度**と呼ばれるパラメータがあり、足し合わせた確率変数の数が自由度となります。また、自由度nのカイ２乗分布の平均はnです。Yは自由度nのカイ２乗分布に従い、$Y \sim \chi^2(n)$と書きます。

２つの確率変数が$Y_1 \sim \chi^2(n_1)$, $Y_2 \sim \chi^2(n_2)$であるとき、その和は再びカイ２乗分布となり、$Y_1+Y_2 \sim \chi^2(n_1+n_2)$となります。このような性質を**再生性**といいます。

カイ２乗分布の形状

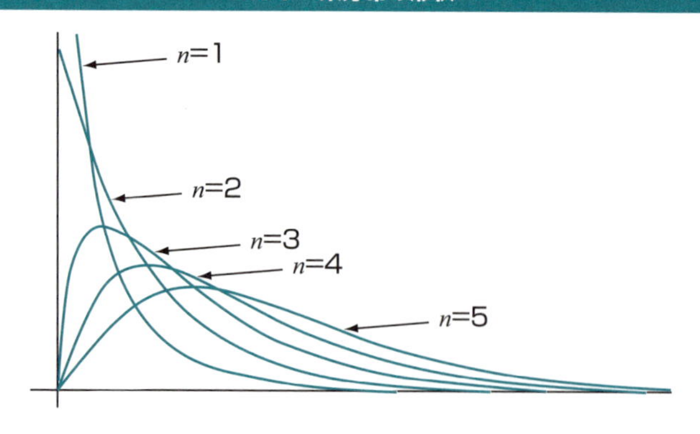

平方和の分布と標本分散の分布

正規母集団 $N(\mu, \sigma^2)$ からの n 個のデータ $X_1, X_2, ..., X_n$ を取るとき、それらの平方和 S を母分散で割った S/σ^2 は、自由度 $n-1$ のカイ２乗分布に従います。

平方和の分布：$\dfrac{S}{\sigma^2} \sim \chi^2(n-1)$

また、$S=(n-1)V$ ですから、標本分散 V を用いて表すと、

$$(n-1)\frac{V}{\sigma^2} \sim \chi^2(n-1)$$

10個のミカンの平方和 S もばらつきます。このとき、S/σ^2 の確率分布は自由度9のカイ２乗分布となります。

データ数と分布の関係

平均0、分散１の標準正規分布に従う母集団からデータを取ってきます。n 個のデータから平方和を求めることを10000回して、そのヒストグラムを描いてみました。$\phi=n-1$ は自由度を表しています。n が大きくなると、カイ２乗分布の形状は右に寄っていくことがわかります。

データ数とカイ２乗分布の形状

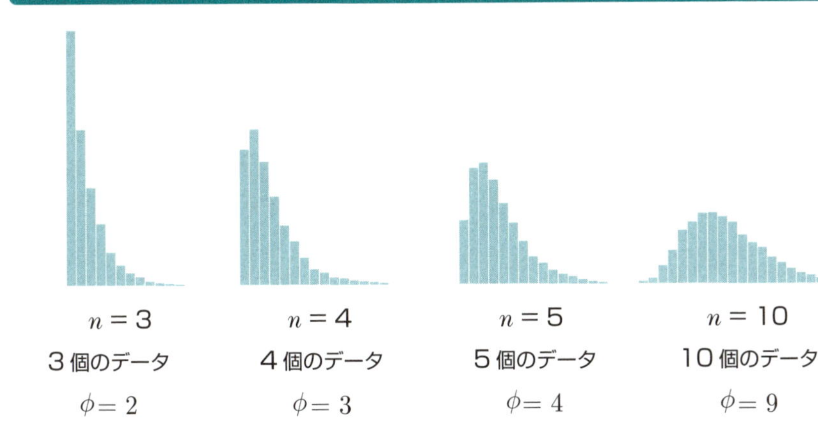

2-10
仮説検定と推定

標本から母数を推測するとき、母数に関する仮説が成立しているかどうかを調べるのが仮説検定で、母数の値を与えるのが推定です。

統計的推測

母集団から抽出された標本に基づいて、母集団の様子を推し量るのが統計的推測です。その手法には、母数に関する仮説が正しいかどうかを判断する**仮説検定**と母数の値を推測する**推定**とがあります。推定には1つの数値で母数を推定する**点推定**と、ある確率で母数の含まれる区間を推定する**区間推定**があります。

仮説検定と推定

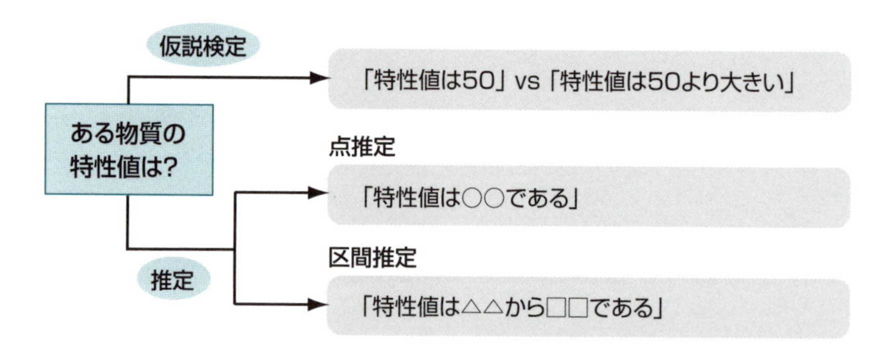

仮説検定

母数に関する仮説を確率的な尺度を用いて判定するのが**仮説検定**です。検証しようとする仮説が**帰無仮説**H_0、主張したい仮説が**対立仮説**H_1です。帰無仮説が正しくないとして、それを捨てることを「棄却する」といい、対立仮説が採択されます。棄却するかどうかの判断には**検定統計量**が使われ、その値がある範囲に入ったときに帰無仮説を棄却します。この棄却する範囲を**棄却域**といいます。

帰無仮説が正しいと仮定して、得られたデータが起こる確率を計算してみます。その確率が小さくて非常に稀(まれ)にしか起こらない現象であるならば、帰無仮説が正しいとした仮定が誤っているとして、帰無仮説は正しくないと判断します。

稀かどうかの判断基準として**有意水準** α を設定します。通常は5%あるいは1%とします。この確率は帰無仮説が正しいのに正しくないと判断してしまう誤りであり、これを**第1種の過誤**といいます。

逆に帰無仮説は間違っているのに間違っていると判断できない過ちを**第2種の過誤**といいます。その確率を β で表すと、帰無仮説の誤りを正しく検出できる確率は $1-\beta$ となり、これを**検出力**といいます。一般に有意水準を下げると検出力も下がるため、第1種の過誤を小さくすると第2種の過誤が大きくなります。

仮説検定における判断

		真実	
		H_0 が正しい	H_1 が正しい
結果	H_0 を棄却しない	○	第2種の過誤 β
	H_0 を棄却する	第1種の過誤 有意水準 α	○ 検出力　$1-\beta$

推定

未知の母数 θ を標本から計算される統計量 $\hat{\theta}$ で推定するとき、$\hat{\theta}$ を θ の**推定量**といいます。例えば、母平均 μ を標本平均 $\bar{X}$ で推定するなら、μ の推定量は $\hat{\mu}=\bar{X}$ となります。点推定のよしあしは、どの推定量を用いるかで決まります。推定量の持つべき性質として、不偏性、一致性、有効性があげられます。

不偏性：推定量の平均が母数と等しいこと
一致性：標本を多く取ると母数に限りなく近付くこと
有効性：推定量の分散が最も小さいこと

標本平均はこれら3つの性質を満たしている推定量です。

区間推定では、母数の含まれる**信頼区間**を求めます。信頼区間に含まれる確率を**信頼率** α といい、通常は95%とします。信頼区間の幅で推定の精度がわかります。点推定値だけでは推定の精度がわかりませんから、区間推定まで行います。

2-11

仮説検定の方法

仮説検定は、仮説の設定、検定統計量と棄却域の設定、そして判定の３つのステップに分けることができます。それぞれの考え方を紹介します。

仮説の設定

検証しようとする**帰無仮説**H_0と主張したい**対立仮説**H_1を設定します。A店のミカンがB店のミカンより大きいということを確かめたいときには、

帰無仮説H_0: A店のミカンとB店のミカンに違いはない。
対立仮説H_1: A店のミカンがB店のミカンより大きい。

となります。

２つの店のミカンに違いがないことを確かめたいときは、どうするのでしょうか。それぞれの母平均がまったく等しいということを確かめなければなりません。

しかし、わずか0.01グラムであっても違いがあれば、両者に違いはないとはいえません。**仮説検定**とは、両者に違いがあるときに、それが誤差による違いか統計的に有意な違いかを判定する方法であると考えてください。

仮説には、変化しているかどうかを検証する**両側仮説**、大きくなっているかどうかを検証する**右片側仮説**、小さくなっているかどうかを検証する**左片側仮説**があります。主張したいことに応じて適切に設定します。

検定統計量と棄却域の設定

判定するときに用いられるのが**検定統計量**と呼ばれる統計量です。帰無仮説が正しいとして、検定統計量の値を計算します。この値がある範囲に入ったら帰無仮説を棄却します。この範囲が**棄却域**で、検定統計量がある確率分布に従うことを用いて設定されます。それぞれの検定方法では何を検定統計量にして、それがどんな確率分布に従うかをつかんでおきましょう。棄却域は、両側仮説では両側に、右（左）片側仮説では、右（左）側に取られます。

判定と有意確率

棄却域に検定統計量の値が入ると帰無仮説が棄却され、対立仮説が採択されます。そうでないときには、帰無仮説は棄却されません。このとき、帰無仮説が採択されるとはいいません。対立仮説が成立するとはいえないという言い方になり、はっきりとしたことはいえません。「A店のミカンはB店のミカンより大きいとはいえない」とはいえても、「A店のミカンとB店のミカンに違いはない」と言い切ることはできません。

検定統計量が有意となる確率を***P*値**といい、Excelでは簡単に計算できます。

この確率が5%以下なら5%有意、1%以下なら1%有意と判定できますし、有意でなくても確率の大きさから効果の程度を考えることができます。6-2節にExcelによる計算方法を紹介しています。

仮説検定の考え方

珍しいことが起こったとき、「そんなことがあるわけないだろ」とか「まあそういうこともあるだろう」とか思うでしょう。このどちらがもっともかを判定するのが**仮説検定**です。帰無仮説が正しいとして、ある現象の起こる可能性を考え、「まあそういうこともあるだろう」という人が5%以下であれば、「そんなことがあるわけない」と判定して、帰無仮説が棄却されるのです。

例えば、あるさいころを3回投げたら3回とも1が出たとします。正しいさいころならそのようになるのは、216回に1回しか起こらないような稀な現象です。このとき、「このような稀な現象は起こるとは考えられない」と判断するなら、さいころが正しくないと考えるでしょう。これがさいころは正しいとしていた帰無仮説を棄却することを表しています。

一方、「珍しいけどこういうこともあるだろう」と判断するなら、さいころが正しくないとは考えません。でも、この結果からさいころが正しくできていると判断することもありません。つまり、帰無仮説を積極的に支持することもありません。

2-12

推定と予測の方法

母平均や母分散の推定には、点推定と区間推定があります。また、新たにデータを取るときにどんな値が得られるかの予測もできます。

点推定

点推定には推定量を用います。得られたデータからこの推定量の値を計算して、それを点推定値とします。A店で買ってきた10個のミカンの重さから、A店のミカンの重さの母平均を点推定してみます。

10個のミカン：53, 49, 63, 51, 57, 61, 49, 66, 49, 52（g）

標本平均を用いて推定すると、点推定値は55 gとなります。中央値や最頻値で推定することもできますが、そのときの点推定値はそれぞれ52.5g、49gとなります。どの推定値を使うかによって点推定値も変わります。

標本平均は不偏性、一致性、有効性の性質をすべて持っているので、推定量としてよく用いられます。

区間推定

母数の**区間推定**は、ある確率でそれが含まれる区間によって示されます。実験計画法の解析において特に大切なのが、母平均の区間推定です。

一般に、母平均の**信頼区間**は以下の形式で表されます。

$$(\text{点推定値}) \pm (\text{分布の\%点})\sqrt{\frac{\text{誤差分散}}{\text{データ数}}}$$

点推定値、分布の％点、誤差分散、データ数を正しく求めることで、信頼区間は計算できます。いろいろな実験計画法におけるこれらの求め方を、2章の後半と3章以降で詳しく説明します。

検定と推定

母平均の検定によると、母平均は50gより大きいという結果が出る場合でも、母平均の区間推定では、49.7gから54.2gという信頼区間が得られることがあります。母平均は50gより大きいはずなのに、信頼区間は49.7gからとなるのは矛盾しているようにも見えます。

検定では、「母平均が50gである」か「母平均が50gより大きい」かの二者択一問題で、どちらがもっともらしいかを判断しているものです。

推定は母平均の値を推測するもので、検定と推定は同じことを判断しているのではありませんから、推定の結果から検定の判定をしたり、その反対をしたりすることは適切ではありません。

実際にはほとんど同様の確率計算をしています。両側検定の結果と推定の結果は一致します。しかし、片側検定では有意水準を片側に取りますが、区間推定では信頼率を両側に取りますので、結果が一致するとは限りません。

データの予測

母平均の信頼区間は、母平均の区間を示しているものです。今度、お店に行ったときに買うミカンの重さの平均の信頼区間であって、1つのミカンの重さの信頼区間ではありません。つまり、新たに買ってきたミカンの重さが信頼区間に入るのではありません。新しくデータを取るとき、個々のデータが入る区間を予測するのが**予測区間**です。新たに取るデータの平均はその信頼区間に入りますが、データには誤差が付いてきますので、データの予測値は誤差のぶんだけ取りうる範囲が広がることになります。

信頼区間の幅は母平均のばらつきに応じて決められますが、データの予測区間の幅には母平均のばらつきのほかにデータのばらつきも考慮しなければなりません。

一般に、データの予測区間は、信頼区間の幅に誤差分散がさらに加わったかたちで与えられます。つまり、

$$(\text{点推定値}) \pm (\text{分布の\%点})\sqrt{\frac{\text{誤差分散}}{\text{データ数}} + \text{誤差分散}}$$

すなわち、

$$(\text{点推定値}) \pm (\text{分布の\%点})\sqrt{\left(1 + \frac{1}{\text{データ数}}\right) \times \text{誤差分散}}$$

となります。

2-13

母平均の検定と推定（母分散既知）

母平均の検定や推定では、母分散の値がわかっているかどうかで方法が変わってきます。母分散が既知のときには正規分布を用いて検定、推定が行われます。

母平均の検定

正規分布に従う母集団では、中心を表す母平均とばらつきを表す母分散の２つの母数があります。これらの値がどうなっているかを調べるのが検定や推定です。

A店のミカンの重さの母平均について調べるとき、A店のミカンの重さのばらつきがいくらかはふつうわかりません。母分散の値がわからない場合は、母分散が未知として検定や推定を行います。

実用上は母分散が既知の場合というのは少ないですが、過去のデータなどから母分散 σ^2 が、例えば、(7g) ^{2} と特定できる場合もあるかもしれません。

母分散が既知の場合の検定や推定は、検定や推定の方法を理解するには最も基本的な考え方です。

母分散が既知のときの母平均の検定

ミカンの重さの母平均について考えてみます。ここではミカンの重さの母分散 σ^2 はわかっているものとします。

手順❶　仮説を設定します。母平均がある値 μ_0 より大きいかどうかを知りたいときの検定では、

帰無仮説 $H_0 : \mu = \mu_0$

対立仮説 $H_1 : \mu > \mu_0$

と仮説を立てます。これは右片側検定となります。

ある値 μ_0 より小さいかどうかを知りたいときは左片側検定、ある値 μ_0 と異なるかどうかを知りたいときは両側検定を使います。

手順❷ 検定統計量と棄却域を求めます。検定統計量は

$$u_0 = \frac{\overline{x} - \mu_0}{\sigma / \sqrt{n}}$$

を用います。このときu_0は標準正規分布$N(0,1)$に従います。有意水準αでの棄却域Rは、右片側に確率αの範囲を取って

$$R : u_0 > K_\alpha$$

となります。両側検定では、両側に確率$\alpha/2$を取るため、棄却域は

$$R : |u_0| > K_{\alpha/2}$$

となります。

母分散が既知のときの母平均に関する検定

	両側検定	右片側検定	左片側検定
仮説の設定	母平均μがある値μ_0と異なるか $H_0 : \mu = \mu_0$ $H_1 : \mu \neq \mu_0$	母平均μがある値μ_0より大きいか $H_0 : \mu = \mu_0$ $H_1 : \mu > \mu_0$	母平均μがある値μ_0より小さいか $H_0 : \mu = \mu_0$ $H_1 : \mu < \mu_0$
検定統計量	$u_0 = \dfrac{\overline{x} - \mu_0}{\sigma / \sqrt{n}} \sim N(0,1)$		
棄却域	α/2　α/2 $-K_{\alpha/2}$　$K_{\alpha/2}$ $R : \mid u_0 \mid > K_{\alpha/2}$	α K_α $R : u_0 > K_\alpha$	α $-K_\alpha$ $R : u_0 < -K_\alpha$
P値	$2 \times \Pr(u > u_0)$	$\Pr(u > u_0)$	$\Pr(u < u_0)$

手順❸ 検定統計量u_0の値が棄却域に入るかどうかで判定を行います。棄却域に入れば、帰無仮説は棄却され、対立仮説が採択されます。棄却域に入らなければ、帰無仮説は棄却されません。また、棄却域に入るかどうかは、P値が有意水準より小さいかどうかで判定することもできます。

母平均の検定の実際

A店のミカンの母平均が50gより大きいといえるか、有意水準5%で検定します。ここで、A店のミカンの重さの母分散 σ^2 は$(7g)^2$であることがわかっているものとします。

手順❶ 仮説を設定します。

母平均が50より大きいかどうかを知りたいので、

帰無仮説 $H_0 : \mu = 50$

対立仮説 $H_1 : \mu > 50$

と仮説を立てます。これは右片側検定です。

手順❷ 検定統計量と棄却域を求めます。

$$\text{標本平均：} \overline{x} = \frac{1}{10}\sum_{i=1}^{10} x_i = \frac{550}{10} = 55.0$$

$$\text{検定統計量：} u_0 = \frac{\overline{x} - \mu_0}{\sigma / \sqrt{n}} = \frac{55.0 - 50}{7 / \sqrt{10}} = 2.259$$

棄却域 $R : u_0 > K_{0.05} = 1.645$

手順❸　判定をします。

$u_0 = 2.259 > 1.645$ より、棄却域に入るので、有意水準5%で帰無仮説は棄却されます。母平均は50gより大きいといえます。

このときのP値は、$\Pr(u > 2.259) = 0.012 = 1.2\%$ で、有意水準5%より小さくなっています。

母分散が既知のときの母平均の推定

推定には、点推定と区間推定があります。

手順❶　母平均 μ の点推定には、標本平均 $\overline{x}$ が使われます。

母平均 μ の点推定値：$\hat{\mu} = \overline{x}$

手順❷　母平均 μ の区間推定には、統計量 $u = \dfrac{\overline{X} - \mu}{\sigma / \sqrt{n}}$ が標準正規分布に従うことを用います。信頼率 α での区間推定では、

母平均 μ の信頼区間：$\overline{x} \pm K_{\alpha/2} \dfrac{\sigma}{\sqrt{n}}$

信頼区間の導出法

信頼区間は検定統計量とそれの従う確率分布から導くことができます。

母分散が既知のときの母平均の区間推定では、

$$統計量\ u = \frac{\overline{X} - \mu}{\sigma / \sqrt{n}}$$

が正規分布に従うことを用いて、統計量uが確率 α で含まれる区間を作ります。このとき両側検定の棄却域のように、左右に確率 $\alpha/2$ を取って、

$$-K_{\alpha/2} \leq \frac{\overline{x} - \mu}{\sigma / \sqrt{n}} \leq K_{\alpha/2}$$

が得られます。これを母平均 μ に関して整理すると、信頼区間

$$\overline{x} - K_{\alpha/2}\frac{\sigma}{\sqrt{n}} \leq \mu \leq \overline{x} + K_{\alpha/2}\frac{\sigma}{\sqrt{n}}$$

が得られます。これを書き直して母平均μの信頼区間は、

$$\overline{x} \pm K_{\alpha/2}\frac{\sigma}{\sqrt{n}}$$

となります。

母平均の推定の実際

A店のミカンの重さの母平均を推定します。

手順❶ 点推定値

$$\hat{\mu} = \overline{x} = 55.0 \ \ (\mathrm{g})$$

手順❷ 信頼率95%の区間推定は、

$$\overline{x} \pm K_{\alpha/2}\frac{\sigma}{\sqrt{n}} = 55.0 \pm 1.960\frac{7}{\sqrt{10}} = 55.0 \pm 4.3 = 50.7, 59.3$$

より信頼区間は50.7(g)から59.3(g)となります。

A店のミカンの重さの母平均は50.7gから59.3gとなります。

2-14 母平均の検定と推定（母分散未知）

標本から母平均の値を推測するとき、一般に母分散はわかっていませんから、t分布を用いて検定、推定が行われます。

分散がわかっていないとき

これまでは分散がわかっているものとしていましたが、過去に十分なデータがある場合以外は、ほとんどの場合、分散はわかっていません。お店で買ってきたミカンの重さの分散がわかっているというのも不自然です。

母分散がわからないときには、データから母分散を推測するしかありませんから、母分散の代わりに**標本分散**を用います。

このとき、検定統計量として使っていた

$$u_0 = \frac{\overline{x} - \mu_0}{\sigma / \sqrt{n}} \text{ は } \frac{\overline{x} - \mu_0}{\sqrt{V / n}}$$

になり、正規分布には従わなくなります。

この統計量の従う分布が***t*****分布**と呼ばれる分布です。

t分布

$$Z = \frac{\overline{X} - \mu}{\sigma / \sqrt{n}} \text{ は標準正規分布 } N(0,1) \text{ に従います。}$$

ここで、母分散 σ^2 を標本分散Vによって置き換えた $t = \dfrac{\overline{X} - \mu}{\sqrt{V / n}}$ の従う分布がt分布です。

t分布には自由度があり、標本分散Vの従うカイ２乗分布の自由度と一致します。

つまり、$t = \dfrac{\overline{X} - \mu}{\sqrt{V / n}}$ は自由度 $\phi = n - 1$ のt分布に従います。

t分布は裾の部分が正規分布より膨らんでおり、自由度が大きくなると正規分布に近付いていきます。母分散が個々のデータと母平均の差の２乗和から計算されるのに対し、標本分散は個々のデータと標本平均の差の２乗和から計算されるため、標本分散は小さめになります。

データ数が多いときには、その差はほとんどなくなるのですが、データ数が少ないときにはその差を無視できません。この違いを正しくとらえるために、正規分布ではなくt分布を適用します。

t分布の形状

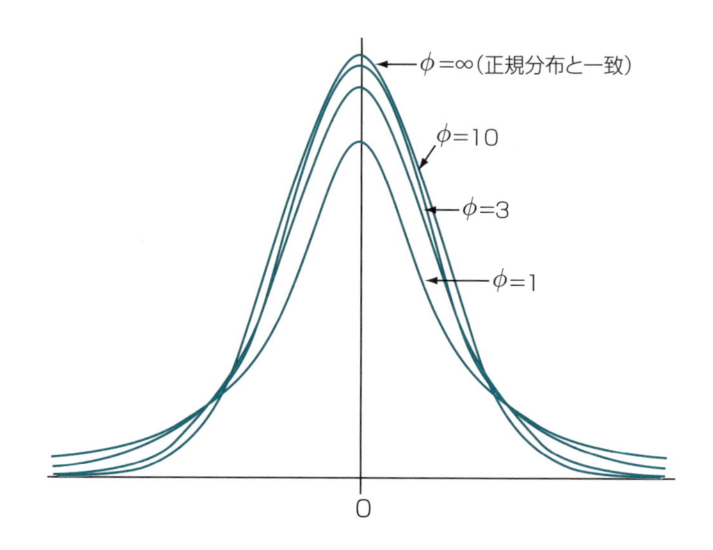

母分散が未知のときの母平均の検定

ミカンの重さの母平均について考えてみます。ミカンの重さの母分散は未知ですから、t分布に従う検定統計量を用います。このことだけ注意すれば、ほかはこれまでの検定方法と同じです。

手順❶　仮説を設定します。母平均がある値 μ_0 より大きいかどうかを知りたいときの検定では、次のように仮説を立てます。

帰無仮説 $H_0 : \mu = \mu_0$
対立仮説 $H_1 : \mu > \mu_0$

これは右片側検定となります。ある値μ_0より小さいかどうかを知りたいときは左片側検定、ある値μ_0と異なるかどうかを知りたいときは両側検定を使います。

手順❷　検定統計量と棄却域を求めます。検定統計量は

$$t_0 = \frac{\bar{x} - \mu_0}{\sqrt{V/n}}$$

を用います。このときt_0は自由度$n-1$のt分布に従います。有意水準αでの棄却域Rは、右片側に確率αの範囲を取って次のようになります（「；」は「，」と書くこともあります）。

$$R : u_0 > t(n-1;2\alpha)$$

両側検定では、両側に確率$\alpha/2$を取るため、棄却域は次のようになります。

$$R : |u_0| > t(n-1;\alpha)$$

手順❸　検定統計量t_0の値が棄却域に入るかどうかで判定を行います。また、P値によって判定することもできます。

母平均の検定の実際

A店のミカンの重さの母平均が50gより大きいといえるか有意水準5%で検定してみます。

手順❶　仮説を設定します。
母平均が50gより大きいかどうかを調べるので右片側検定です。

帰無仮説 $H_0 : \mu = 50$
対立仮説 $H_1 : \mu > 50$

母分散が未知のときの母平均に関する検定

	両側検定	右片側検定	左片側検定
仮説の設定	母平均 μ がある値 μ_0 と異なるか $H_0 : \mu = \mu_0$ $H_1 : \mu \neq \mu_0$	母平均 μ がある値 μ_0 より大きいか $H_0 : \mu = \mu_0$ $H_1 : \mu > \mu_0$	母平均 μ がある値 μ_0 より小さいか $H_0 : \mu = \mu_0$ $H_1 : \mu < \mu_0$
検定統計量	$t_0 = \dfrac{\overline{X} - \mu_0}{\sqrt{V/n}} \sim t(n-1)$		
棄却域	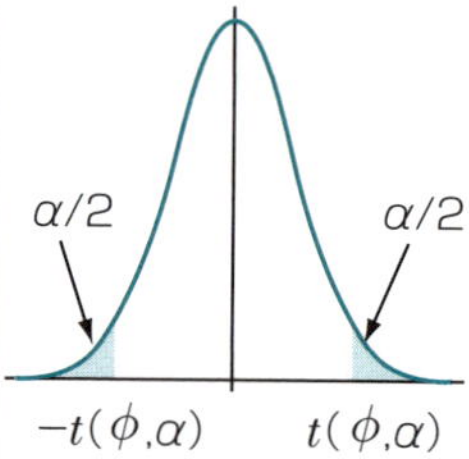 α/2　α/2 $-t(\phi,\alpha)$　$t(\phi,\alpha)$ $R : \lvert t_0 \rvert > t(n-1;\alpha)$	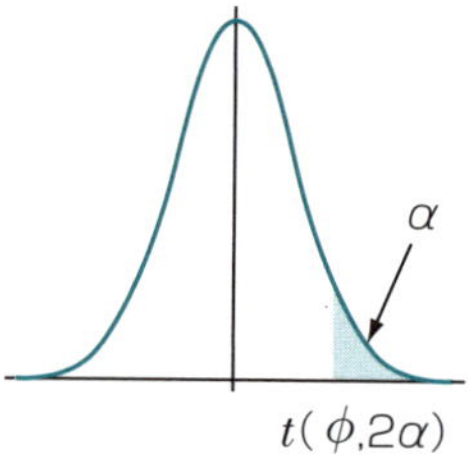 α $t(\phi,2\alpha)$ $R : t_0 > t(n-1;2\alpha)$	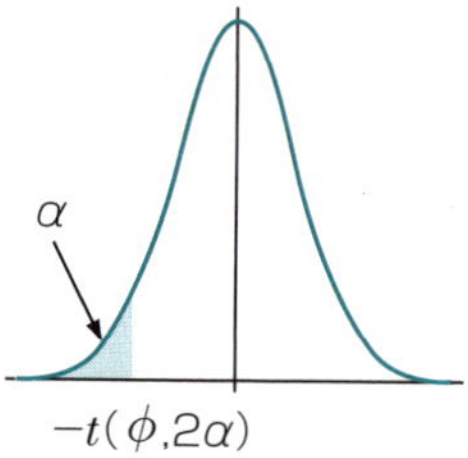 α $-t(\phi,2\alpha)$ $R : t_0 < -t(n-1;2\alpha)$
P 値	$\Pr(\lvert t \rvert > t_0)$	$\Pr(t > t_0)$	$\Pr(t < t_0)$

手順❷　検定統計量と棄却域を求めます。母分散がわかっていませんから、t 検定を行います。

まず、標本平均と標本分散を求めます。

標本平均：$\overline{x} = \dfrac{1}{10}\sum_{i=1}^{10} x_i = \dfrac{550}{10} = 55.0$

平方和：$S = (53^2 + 49^2 + 63^2 + 51^2 + \cdots + 52^2) - 10 \times 55.0^2 = 362$

標本分散：$V = \dfrac{362}{10-1} = 40.22$

検定統計量：$t_0 = \dfrac{\overline{x} - \mu_0}{\sqrt{V/n}} = \dfrac{55.0 - 50}{\sqrt{40.22/10}} = 2.493$

棄却域　$R : t_0 > t(n-1;2\alpha) = t(9;0.10) = 1.833$

手順❸　有意水準5%で帰無仮説は棄却されます。ミカンの重さの母平均は50gより大きいといえます。このときのP値は$\Pr(t > 2.493) = 1.7\%$です。

母分散が未知のときの母平均の推定

手順❶　母平均 μ の点推定には、標本平均 $\bar{x}$ が使われます。

母平均 μ の点推定値：$\hat{\mu} = \bar{x}$

手順❷　母平均 μ の区間推定には、

統計量：$t = \dfrac{\bar{X} - \mu}{\sqrt{V/n}}$

が自由度 $n-1$ のt分布に従うことを用います。信頼率 α での区間推定では、

母平均 μ の信頼区間：$\bar{x} \pm t(n-1;\alpha)\sqrt{\dfrac{V}{n}}$

母平均の推定の実際

A店のミカンの重さの母平均が50gより大きいといえるか有意水準5%で検定してみます。

手順❶　点推定値

$\hat{\mu} = \bar{x} = 55.0$（g）

手順❷　信頼率95%の区間推定は、

$$\bar{x} \pm t(n-1;\alpha)\sqrt{\frac{V}{n}} = 55.0 \pm 2.262\sqrt{\frac{40.22}{10}} = 55.0 \pm 4.5 = 50.5, 59.5$$

より信頼区間は50.5(g)から59.5(g)となります。A店のミカンの重さの母平均は50.5gから59.5gとなります。

2-15

母分散の検定と推定

標本から母分散の値を推測するとき、平方和の従うカイ２乗分布を用いて仮説検定や推定が行われます。ここではミカンの重さの母分散について考えてみます。

母分散の検定

手順❶ 仮説を設定します。母分散がある値σ_0^2より小さいかどうかを知りたいときの検定では、

帰無仮説$H_0 : \sigma^2 = \sigma_0^2$
対立仮説$H_1 : \sigma^2 < \sigma_0^2$

と仮説を立てます。これは左片側検定となります。母分散がある値σ_0^2より大きいかどうかを知りたいときは右片側検定、母分散がある値σ_0^2と異なるかどうかを知りたいときは両側検定を行います。

手順❷ 検定統計量と棄却域を求めます。検定統計量は

$$\chi_0^2 = \frac{S}{\sigma_0^2}$$

を用います。このとき、χ_0^2は自由度$\phi = n - 1$の**カイ２乗分布**に従います。
有意水準αでの棄却域Rは、左片側に確率αの範囲を取って、

$$R : \chi_0^2 \leq \chi^2(n-1;1-\alpha)$$

となります。両側検定では、両側に確率$\alpha/2$を取るため、棄却域は、

$$R : \chi_0^2 \leq \chi^2(n-1;1-\frac{\alpha}{2}), \chi_0^2 \geq \chi^2(n-1;\frac{\alpha}{2})$$

となります。

手順❸　検定統計量 χ_0^2 の値が棄却域に入るかどうかで判定を行います。また、P値が有意水準より小さいかどうかで判定することもできます。

母分散σ^2に関する検定

	両側検定	右片側検定	左片側検定
仮説の設定	母分散 σ^2がある値σ_0^2と異なるか $H_0: \sigma^2 = \sigma_0^2$ $H_1: \sigma^2 \neq \sigma_0^2$	母分散σ^2 がある値σ_0^2より大きいか $H_0: \sigma^2 = \sigma_0^2$ $H_1: \sigma^2 > \sigma_0^2$	母分散σ^2 がある値 σ_0^2より小さいか $H_0: \sigma^2 = \sigma_0^2$ $H_1: \sigma^2 < \sigma_0^2$
検定統計量	$\chi_0^2 = \dfrac{S}{\sigma_0^2} \sim \chi^2(n-1)$		
棄却域	α/2　α/2 $\chi^2(\phi, 1-\frac{\alpha}{2})$　$\chi^2(\phi, \frac{\alpha}{2})$ $R: \chi_0^2 \leq \chi^2(n-1; 1-\frac{\alpha}{2})$ $\chi_0^2 \geq \chi^2(n-1; \frac{\alpha}{2})$	α $\chi^2(\phi, \alpha)$ $R: \chi_0^2 \geq \chi^2(n-1; \alpha)$	α $\chi^2(\phi, 1-\alpha)$ $R: \chi_0^2 \leq \chi^2(n-1; 1-\alpha)$
P値	$2 \times \Pr(\chi^2 > \chi_0^2)$	$\Pr(\chi^2 > \chi_0^2)$	$\Pr(\chi^2 < \chi_0^2)$

母分散の検定の実際

A店のミカンの重さの母分散が$(10g)^2$より小さいといえるか有意水準5%で検定します。

手順❶　仮説を設定します。母分散が$(10g)^2$より小さいかどうかを調べるので左片側検定です。

帰無仮説$H_0 : \sigma^2 = 10^2$
対立仮説$H_1 : \sigma^2 < 10^2$

手順❷　検定統計量と棄却域を求めます。

$$\text{検定統計量}\ \chi_0^2 = \frac{S}{\sigma_0^2} = \frac{362}{10^2} = 3.62$$

$$\text{棄却域}\ R : \chi_0^2 \leq \chi^2(n-1;1-\alpha) = \chi^2(9;0.95) = 3.33$$

手順❸　判定をします。$\chi_0^2 = 3.62 > 3.33$ より、χ_0^2 は棄却域に入らないので、帰無仮説は棄却されません。つまり、母分散は$(10g)^2$より小さいとはいえません。このとき、P値は$\Pr(\chi^2 < 3.62) = 6.5\%$ であり、有意水準5%より大きくなっています。

母分散の推定

母分散の信頼区間は、母平均の信頼区間とは異なったかたちになります。

手順❶　母分散 σ^2 の点推定には、標本分散Vが使われます。

$$\text{母分散}\ \sigma^2\ \text{の点推定値：}\ \widehat{\sigma^2} = V = \frac{S}{n-1}$$

手順❷　母分散 σ^2 の区間推定には、統計量 $\chi^2 = S / \sigma^2$ が自由度 $n-1$ のカイ2乗分布に従うことを用います。信頼率 α での区間推定では、

母分散 σ^2 の信頼区間：$\dfrac{S}{\chi^2(n-1;\frac{\alpha}{2})} \leq \sigma^2 \leq \dfrac{S}{\chi^2(n-1;1-\frac{\alpha}{2})}$

母分散の推定の実際

A店のミカンの重さの母分散を推定します。

手順❶　点推定値

$\hat{\sigma}^2 = V = 40.22 = 6.34^2$　(g^2)

手順❷　信頼率95%の区間推定は、

$\dfrac{362}{19.023} \leq \sigma^2 \leq \dfrac{362}{2.700}$ すなわち、$19.03 \leq \sigma^2 \leq 134.07$

より信頼区間は$(4.4g)^2$から$(11.6g)^2$です。A店のミカンの重さの母分散は$(4.4g)^2$から$(11.6g)^2$となります。

2-16

母分散の比較とF検定

分散の大きさを比較するには、分散の差ではなく、分散の比を考えます。分散比の従う分布はF分布で、この分布は分散分析法ではとても重要な役割を果たします。

分散の比較

分散はばらつきの大きさを表します。ばらつくことはよくないことのように思われます。確かに、誤差によるばらつきは小さいほうがいいです。しかし、データがばらつくのは誤差だけが原因ではありません。Mサイズのミカンだけでばらつきを測ったら$(7g)^2$だったとしましょう。しかし、SサイズやLサイズのミカンを交ぜてばらつきを測ると、分散はもっと大きくなるはずです。

要因を変えると、特性値も変わることがあります。その結果、データのばらつきが大きくなります。要因によるばらつきが大きいということは、その要因が特性値に及ぼす影響が大きいということです。このことによって、要因効果があるかどうかを判断することができます。

2つの母集団のばらつきを比較して、どちらの分散が大きいかを調べることを考えます。例えば、Sサイズのミカンのばらつき σ_1^2 と、S、M、Lサイズのミカン全部のばらつき σ_2^2 を比較して、$\sigma_1^2 < \sigma_2^2$ がいえるのであれば、サイズによる違いがあるといえます。

分散を比べるときは、分散の差が0かどうかを見るのではなく、分散の比が1かどうかを考えます。分散はカイ2乗分布に従う統計量です。2つの分散の比が従う分布が**F分布**です。

F分布

カイ2乗分布に従う2つの確率変数 $\chi_1^2 \sim \chi^2(\phi_1)$ と $\chi_2^2 \sim \chi^2(\phi_2)$ があるとき、$F=(\chi_1^2/\phi_1)/(\chi_2^2/\phi_2)$ の従う分布がF分布です。F分布には2つの自由度 (ϕ_1, ϕ_2) があり、左にゆがんだ非対称の分布になります。

平方和Sは自由度 $\phi=n-1$ のカイ2乗分布に従いますから、2つの平方和の比 $F=(S_1/\phi_1)/(S_2/\phi_2)$ はF分布に従います。

***F*分布の形状**

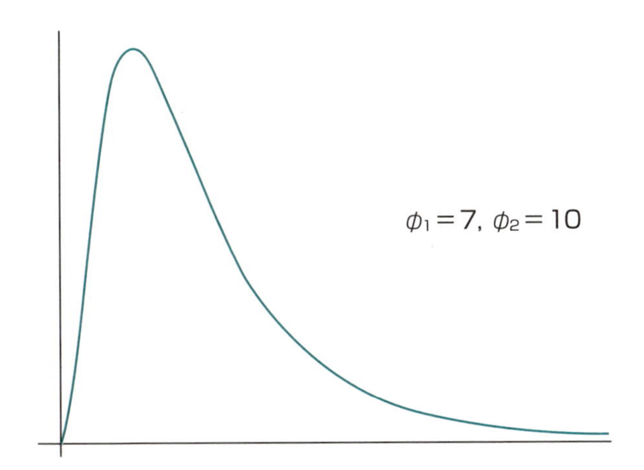

分散の比較

A店のミカン（母集団1）とB店のミカン（母集団2）のばらつきを比べてみます。それぞれn_1個とn_2個のミカンを取り出して、2つの母分散を比較します。

手順❶　仮説を設定します。母分散σ_1^2が母分散σ_2^2より大きいかどうかを調べる検定では、

帰無仮説 $H_0 : \sigma_1^2 = \sigma_2^2$
対立仮説 $H_1 : \sigma_1^2 > \sigma_2^2$

と仮説を立てます。これは右片側検定となります。

手順❷　検定統計量と棄却域を求めます。検定統計量は

$$F_0 = \frac{V_1}{V_2}$$

を用います。このとき、F_0は自由度(n_1-1, n_2-1)のF分布に従います。
有意水準αでの棄却域Rは、右片側に確率αの範囲を取って

$$R : F_0 \geq F(n_1 - 1, n_2 - 1; \alpha)$$

となります。

手順❸　検定統計量 F_0 の値が棄却域に入るかどうかで判定を行います。また、P値が有意水準より小さいかどうかで判定することもできます。

分散比に関する検定

	両側検定	右片側検定
仮説の設定	母分散 σ_1^2 と母分散 σ_2^2 が異なるか $H_0 : \sigma_1^2 = \sigma_2^2$ $H_1 : \sigma_1^2 \neq \sigma_2^2$	母分散 σ_1^2 が母分散 σ_2^2 より大きいか $H_0 : \sigma_1^2 = \sigma_2^2$ $H_1 : \sigma_1^2 > \sigma_2^2$
検定統計量	$F_0 = \dfrac{V_1}{V_2} \sim F(n_1 - 1, n_2 - 1)$	
棄却域	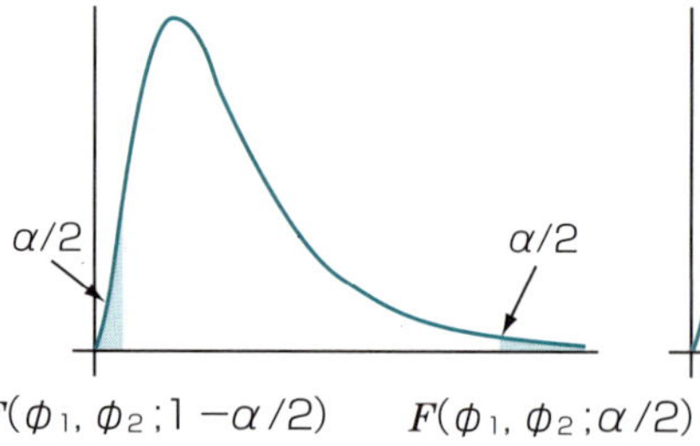 $\alpha/2$　$\alpha/2$ $F(\phi_1, \phi_2; 1-\alpha/2)$　$F(\phi_1, \phi_2; \alpha/2)$ $R : F_0 \geq F(n_1 - 1, n_2 - 1; \alpha/2)$ $F_0 \leq F(n_1 - 1, n_2 - 1; 1 - \alpha/2)$	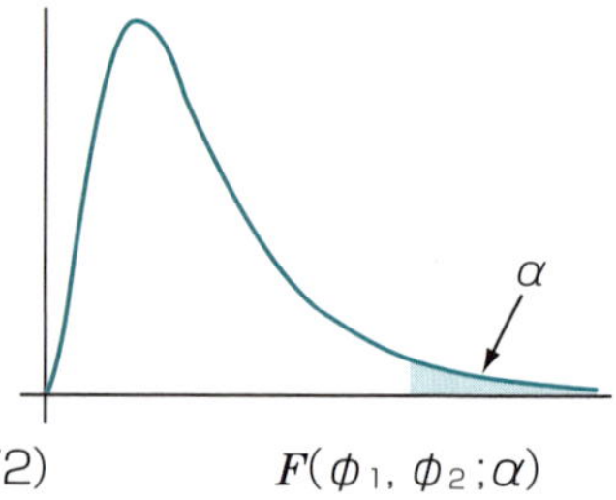 α $F(\phi_1, \phi_2; \alpha)$ $R : F_0 \geq F(n_1 - 1, n_2 - 1; \alpha)$
P値	$2 \times \Pr(F > F_0)$	$\Pr(F > F_0)$

分散比の検定の実際

A店のミカン(母集団1)は、B店のミカン(母集団2)よりばらつきが大きいかどうかを、有意水準5%で検定してみます。

手順❶　仮説を設定します。母分散 σ_1^2 が母分散 σ_2^2 より大きいかどうかを調べるので、右片側検定です。

帰無仮説 $H_0 : \sigma_1^2 = \sigma_2^2$
対立仮説 $H_1 : \sigma_1^2 > \sigma_2^2$

手順❷　検定統計量と棄却域を求めます。

検定統計量：$F_0 = \dfrac{V_1}{V_2} = \dfrac{40.22}{9.78} = 4.11$

棄却域 R　：$F_0 \geq F(9, 9; 0.05) = 3.18$

手順❸　判定をします。

$F_0 = 4.11 > 3.18$ より、F_0 は棄却域に入るので、帰無仮説は棄却されます。A店のミカンはB店より母分散が大きいといえます。このとき、P値は $\Pr(F > 4.11) = 0.023 = 2.3\%$ であり、有意水準5%より小さくなっています。

2-17 母平均の差の検定と推定

２つの母平均を比較するとき、両者のばらつきが同じか異なるかで検定法が変わります。しかし、ばらつきが大きく異なるときに平均を比較することには注意が必要です。

平均の比較

２つの母集団を比較する場合、母分散が等しければ、母平均を比較することでどちらの母集団の特性値が大きいかを調べることができます。しかし、母分散が大きく異なるときには注意しないといけません。

次の２つの分布の例のうち右（母分散が等しくない場合）では、BはAと比べてばらつきが大きいです。そのため、平均はAのほうが大きいにもかかわらず、大きなデータはBのほうに多くあります。

ばらつきに大きな違いがあるときに母集団を比較する場合は、母平均の差を調べることに意味があるかどうかを十分に検討しておく必要があります。

２つの母集団の比較

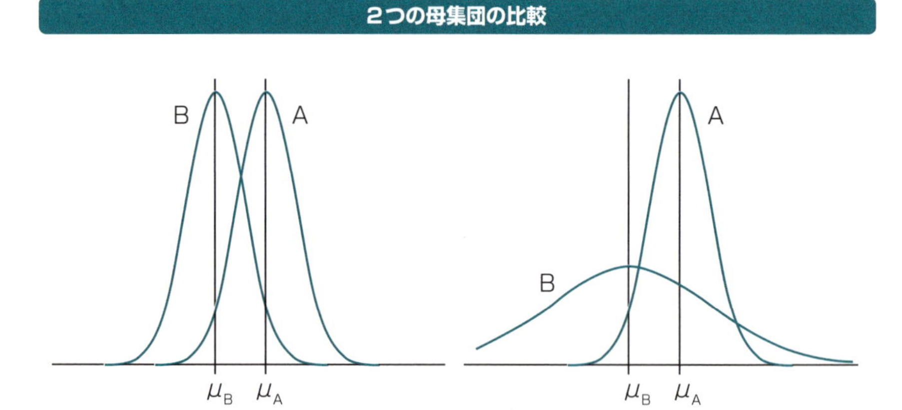

t検定とウェルチの検定

母分散が等しければ、母平均を比較するには、2つの母集団に共通の標本分散を計算してt分布に基づく**t検定**を適用します。

2つの母集団から計算される**合併分散**

$$V = \frac{S_1 + S_2}{n_1 + n_2 - 2}$$

を使いますので、これまでの検定方法と同じです。

母分散が等しいとは考えられない場合には、ウェルチの検定という近似法を用います。**ウェルチの検定**は、標本数が等しいときにはt検定と等価になることから、標本分散の比が2倍以上で、かつ標本数の比も2倍以上である場合に適用します。標本数の比が2倍以内であればt検定を適用できるので、データ数に大きな偏りがないようにデータを取るようにするとよいでしょう。

等分散が仮定されるときの母平均の差の検定

MサイズとSサイズのミカンの重さの差の母平均について考えてみます。それぞれn_1個とn_2個を取り出して、2つの母平均を比較するものとします。

手順❶ 仮説を設定します。Mサイズの母平均μ_1がSサイズの母平均μ_2より大きいかどうかを調べる検定では、

帰無仮説 $H_0 : \mu_1 = \mu_2$

対立仮説 $H_1 : \mu_1 > \mu_2$

と仮説を立てます。これは右片側検定となります。

手順❷ 検定統計量と棄却域を求めます。検定統計量は、

$$t_0 = \frac{\overline{x}_1 - \overline{x}_2}{\sqrt{(\frac{1}{n_1} + \frac{1}{n_2})V}}$$

を用います。ここで、Vは合併分散で、t_0は自由度$n_1 + n_2 - 2$のt分布に従います。有意水準αでの棄却域Rは、右片側に確率αの範囲を取って、

$$R : t_0 > t(n_1 + n_2 - 2; 2\alpha)$$

となります。両側検定では、両側に確率 $\alpha/2$ を取るため、棄却域は、

$$R : |t_0| > t(n_1 + n_2 - 1; \alpha)$$

となります。

手順❸　検定統計量 t_0 の値が棄却域に入るかどうかで判定を行います。また、P 値によって判定することもできます。

等分散が仮定されるときの母平均の差に関する検定

	両側検定	右片側検定
仮説の設定	母平均 μ_1 と母平均 μ_2 が異なるか $H_0 : \mu_1 = \mu_2$ $H_1 : \mu_1 \neq \mu_2$	母平均 μ_1 が母平均 μ_2 より大きいか $H_0 : \mu_1 = \mu_2$ $H_1 : \mu_1 > \mu_2$
検定統計量	$t_0 = \dfrac{\bar{x}_1 - \bar{x}_2}{\sqrt{(\frac{1}{n_1} + \frac{1}{n_2})V}} \sim t(n_1 + n_2 - 2)$	
棄却域	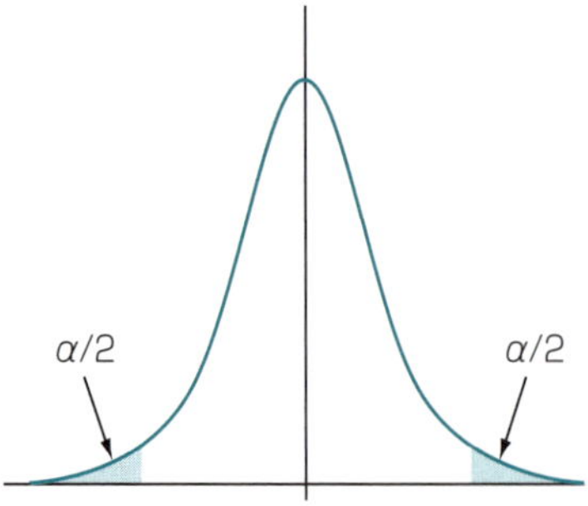 α/2　α/2 -t(φ,α)　t(φ,α) $R : \lvert t_0 \rvert > t(n_1 + n_2 - 2; \alpha)$	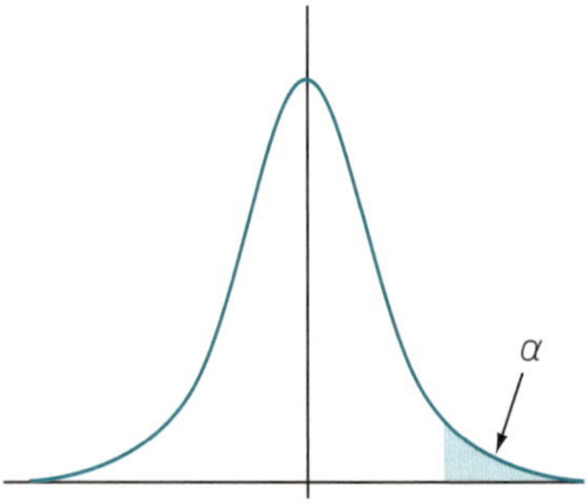 α t(φ,2α) $R : t_0 > t(n_1 + n_2 - 2; 2\alpha)$
P 値	$\Pr(\lvert t \rvert > t_0)$	$\Pr(t > t_0)$

母平均の差の検定の実際

ここに、Mサイズのミカン10個とSサイズのミカン8個があります。

M：53, 49, 63, 51, 57, 61, 49, 66, 49, 52 (g)
S：46, 53, 58, 43, 51, 45, 48, 48 (g)

Mサイズのミカンは Sサイズのミカンより重いかどうかを有意水準5%で検定してみます。

手順❶　仮説を設定します。μ_1がμ_2より大きいかを調べるので右片側検定です。

帰無仮説 $H_0 : \mu_1 = \mu_2$
対立仮説 $H_1 : \mu_1 > \mu_2$

手順❷　検定統計量と棄却域を求めます。まず、それぞれの標本平均と平方和、標本分散を求めます。

ミカンの基本統計量

	データ数n	標本平均	平方和S	標本分散V
Mサイズ	10	55.0	362	40.22
Sサイズ	8	49.0	164	23.43

$$合併分散: V = \frac{362 + 164}{10 + 8 - 2} = 32.875$$

$$検定統計量\ t_0 = \frac{\overline{x}_1 - \overline{x}_2}{\sqrt{(\frac{1}{n_1} + \frac{1}{n_2})V}} = \frac{55.0 - 49.0}{\sqrt{(\frac{1}{10} + \frac{1}{8}) \times 32.875}} = 2.206$$

$$棄却域\ R : t_0 > t(n_1 + n_2 - 2; 2\alpha) = t(16; 0.10) = 1.746$$

手順❸　判定をします。$t_0 = 2.206 > 1.746$ より、有意水準5%で帰無仮説は棄却されます。MサイズのミカンはSサイズのミカンより大きいといえます。このときのP値は2.1%です。

▶▶ 母平均の差の推定

手順❶　母平均の差 $\mu_1 - \mu_2$ の点推定には、標本平均の差が使われます。

母平均の差 $\mu_1 - \mu_2$ の点推定値：$\widehat{\mu_1 - \mu_2} = \overline{x}_1 - \overline{x}_2$

手順❷　母平均の差 $\mu_1 - \mu_2$ の区間推定には、統計量

$$t = \frac{(\overline{x}_1 - \overline{x}_2) - (\mu_1 - \mu_2)}{\sqrt{(\frac{1}{n_1} + \frac{1}{n_2})V}}$$

が自由度 $\phi = n_1 + n_2 - 2$ のt分布に従うことを用います。

母平均の差 $\mu_1 - \mu_2$ の信頼区間：$(\overline{x}_1 - \overline{x}_2) \pm t(n_1 + n_2 - 2; \alpha)\sqrt{(\frac{1}{n_1} + \frac{1}{n_2})V}$

▶▶ 母平均の差の推定の実際

手順❶　点推定値

$$\widehat{\mu_1 - \mu_2} = \overline{x}_1 - \overline{x}_2 = 55.0 - 49.0 = 6.0 \text{ (g)}$$

手順❷　信頼率95%の区間推定は

$$6.0 \pm t(16; 0.05)\sqrt{(\frac{1}{10} + \frac{1}{8}) \times 32.875} = 6.0 \pm 5.8 = 0.2, 11.8$$

より信頼区間は0.2(g)から11.8(g)です。MとSのミカンの重さの差は0.2(g)から11.8(g)となります。

2-18 ウェルチの検定

分散が等しいとは考えられないときは、それぞれの標本分散を用いいます。このときの検定統計量の従うt分布の自由度が、等分散のときとは異なります。

ウェルチの検定

母分散が等しいとはいえず、データ数も大きく異なっているときには、合併分散ではなく、それぞれの標本分散V_1, V_2を求めます。これを使った検定統計量もt分布に従いますが、その自由度ϕ^*は**サタースウェイトの等価自由度**として求めます。

MとSのミカンの重さの母分散が等しいとはいえないとき、MとSのミカンの重さの母平均の差について考えてみます。

手順❶　仮説を設定します。Mサイズの母平均μ_1がSサイズの母平均μ_2より大きいかどうかを調べる検定では、

帰無仮説 $H_0 : \mu_1 = \mu_2$
対立仮説 $H_1 : \mu_1 > \mu_2$

と仮説を立てます。これは右片側検定となります。

手順❷　検定統計量と棄却域を求めます。検定統計量は、

$$t_0 = \frac{\overline{x}_1 - \overline{x}_2}{\sqrt{\dfrac{V_1}{n_1} + \dfrac{V_2}{n_2}}}$$

を用います。このとき、t_0はt分布に従います。自由度ϕ^*は、

$$\frac{\left(\dfrac{V_1}{n_1} + \dfrac{V_2}{n_2}\right)^2}{\phi^*} = \frac{\left(\dfrac{V_1}{n_1}\right)^2}{n_1 - 1} + \frac{\left(\dfrac{V_2}{n_2}\right)^2}{n_2 - 1}$$

から求めます。ϕ^*をサタースウェイトの等価自由度といいます。有意水準αでの棄却域Rは、右片側に確率αの範囲を取って$R : t_0 > t(\phi^*; 2\alpha)$となります。

手順❸ 検定統計量t_0の値が棄却域に入るかどうかで判定を行います。また、P値によって判定することもできます。

等分散が仮定できないときの母平均の差に関する検定（ウェルチの検定）

	両側検定	右片側検定
仮説の設定	母平均μ_1と母平均μ_2が異なるか $H_0: \mu = \mu_0$ $H_1: \mu \neq \mu_0$	母平均μ_1が母平均μ_2より大きいか $H_0: \mu = \mu_0$ $H_1: \mu > \mu_0$
検定統計量	$t_0 = \dfrac{\overline{x}_1 - \overline{x}_2}{\sqrt{\dfrac{V_1}{n_1} + \dfrac{V_2}{n_2}}} \sim t(\phi^*)$	
棄却域	α/2　α/2 $-t(\phi^*, \alpha)$　$t(\phi^*, \alpha)$ $R: \lvert t_0 \rvert > t(\phi^*; \alpha)$	α $t(\phi^*, 2\alpha)$ $R: t_0 > t(\phi^*; 2\alpha)$
P値	$\Pr(\lvert t \rvert > t_0)$	$\Pr(t > t_0)$

母平均の差の推定

手順❶ 母平均の差の点推定には、標本平均の差が使われます。

母平均の差$\mu_1 - \mu_2$の点推定値：$\widehat{\mu_1 - \mu_2} = \overline{x}_1 - \overline{x}_2$

手順❷ 母平均の差の区間推定には、統計量 $t = \dfrac{(\overline{x}_1 - \overline{x}_2) - (\mu_1 - \mu_2)}{\sqrt{V_1/n_1 + V_2/n_2}}$

が自由度ϕ^*の t 分布に従うことを用います。

母平均の差 $\mu_1 - \mu_2$ の信頼区間：$(\overline{x}_1 - \overline{x}_2) \pm t(\phi^*; \alpha)\sqrt{V_1/n_1 + V_2/n_2}$

2-19
対応のあるデータ

2つの母集団を比較するとき、それぞれから得られたデータに対応があるときと対応がないときがあります。対応関係をとらえることでばらつきを抑えることができます。

対応のあるデータと対応のないデータ

2つの母集団を比較するとき、データに対応があるかどうかは実験の方法や技術的な観点から判断します。2つの店からミカンを買ってきて、どちらのミカンのほうが大きいか調べるために重さを量るとき、得られたデータに対応はありません。家に秤(はかり)が2つあって、秤の測定値に違いがあるかどうかを調べるために、1つのミカンを両方の秤で量るときには対応関係があります。

得られたデータをグラフにするとき、対応関係を見るには折れ線グラフが適しています。データに対応がない場合には、母集団ごとにデータをプロットしたグラフを描きます。

2群の差を見付ける

2つの秤A、Bがあります。2つの秤に違いがあるかどうかを調べるため、12個のミカンの重さをそれぞれで量ってみました。

対応のある2つのデータ

No.	1	2	3	4	5	6	7	8	9	10	11	12
A	51.5	59.4	48.1	48.6	47.8	49.4	53.7	51.1	52.1	57.3	51.0	53.0
B	51.7	61.5	47.0	48.1	48.1	48.6	52.1	49.8	51.0	55.0	49.6	50.7
差	−0.2	−2.1	1.1	0.5	−0.3	0.8	1.6	1.3	1.1	2.3	1.4	2.3

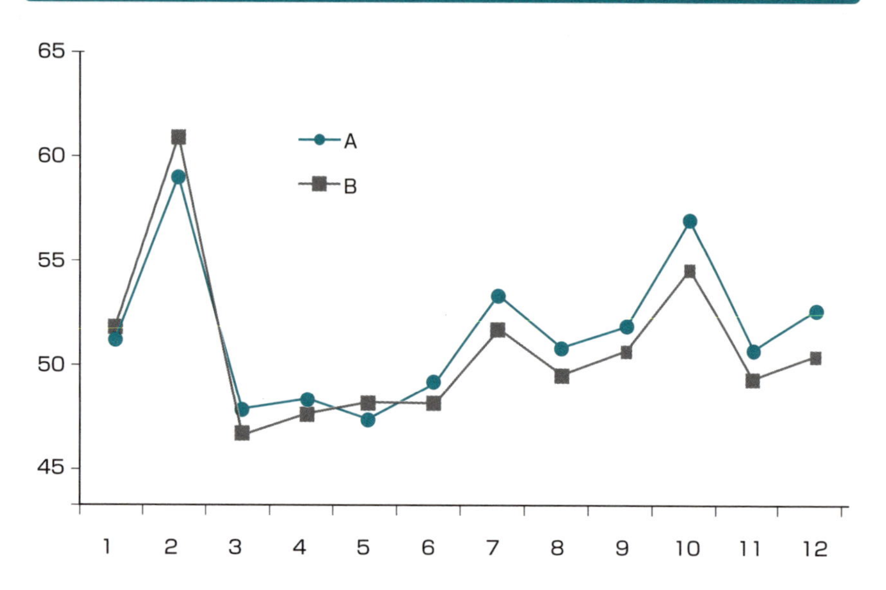

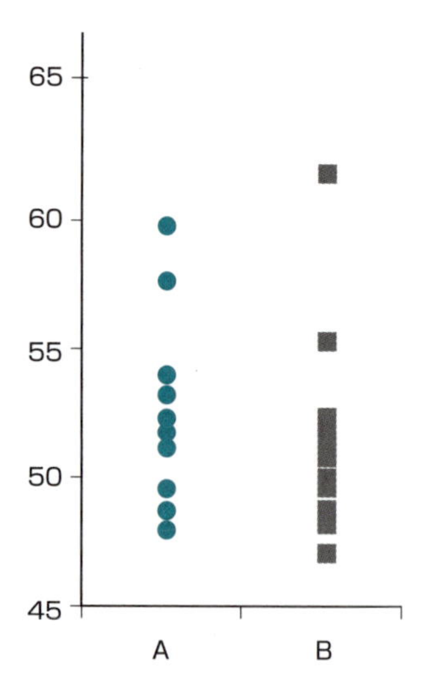

$$\overline{x}_A = \frac{623.0}{12} = 51.92$$

$$\overline{x}_B = \frac{613.2}{12} = 51.10$$

対応関係がわかるグラフを見ると、12個のミカンの大きさには個体差がありますが、秤Aと秤Bを比べると、総じて秤Aのほうが大きめの値を示しているようです。しかし、データに対応がないものとしてグラフにすると、ばらつきが大きく、2つの母平均には差があるようには見えません。

対応のあるデータ

データに対応があるときには、母平均に差があるかというより、2つのデータに差があるかを調べることになります。2つの母集団の差を見たいときには、個体間のばらつきは関係ありません。データの差を取ることによって、個体差を無視できるようになります。

対応のあるデータを対応がないものとして扱うと、個体間のばらつきを誤差ばらつきに含めることになりますから、誤差分散が大きくなります。そのため、検定では検出力が下がり、推定では信頼区間の幅が大きくなってしまいます。

n組のデータ$(x_{Ai}, x_{Bi}),\ i=1,\ldots,n$に対して、これらの差を取った$n$個のデータ$d_i = x_{Ai} - x_{Bi},\ i=1,\ldots,n$を考えます。このとき、母平均$\mu_1$と$\mu_2$が等しいかどうかの検定では、$d_i = x_{Ai} - x_{Bi},\ i=1,\ldots,n$の母平均が0かどうかを検定します。

2-20

対応のある母平均の差の検定と推定

対応があるデータでは、データの差を取ってデータ間のばらつきをなくします。対応を無視して解析すると、誤差分散を過大に見積もってしまうことになります。

対応のある母平均の差の検定

2つの秤に違いがあるかどうかを調べるため、12個のミカンの重さをそれぞれの秤で量りました。このデータには対応がありますから、これらの差を取ります。

秤に違いがあるかどうかを調べるには、差の母平均が0かどうかを検定します。

n組のデータ (x_{Ai}, x_{Bi}), $i=1,\ldots,n$ があるとき、これらの差 $d_i = x_{Ai} - x_{Bi}$を考え、d_i の母平均μ_d について検定します。

手順❶ 仮説を設定します。母平均に差があるかどうかを調べる検定では、

帰無仮説 $H_0 : \mu_d = 0$
対立仮説 $H_1 : \mu_d \neq 0$

と仮説を立てます。これは両側検定となります。

手順❷ 検定統計量と棄却域を求めます。検定統計量は

$$t_0 = \frac{\overline{d}}{\sqrt{V_d / n}}$$

を用います。このとき、t_0は自由度 $n-1$ のt分布に従います。ここで、V_d は d_i の標本分散で、

$$V_d = \frac{1}{n-1}\left(\sum_{i=1}^{n} d_i^2 - n\overline{d}^2\right)$$

で求めます。

有意水準 α での棄却域Rは、両側に確率 $\alpha/2$ の範囲を取って、

$$R: |t_0| > t(n-1;\alpha)$$

となります。

手順❸　検定統計量t_0の値が棄却域に入るかどうかで判定を行います。また、P値によって判定することもできます。

対応のある母平均の差に関する検定

	両側検定	右片側検定
仮説の設定	差の母平均が 0 か $H_0: \mu_d = 0$ $H_1: \mu_d \neq 0$	差の母平均が 0 より大きいか $H_0: \mu_d = 0$ $H_1: \mu_d > 0$
検定統計量	$t_0 = \dfrac{\overline{d}}{\sqrt{V_d/n}} \sim t(n-1)$	
棄却域	$\alpha/2$　$\alpha/2$ -$t(n$-1, $\alpha)$　$t(n$-1, $\alpha)$ $R: \|t_0\| > t(n-1;\alpha)$	α $t(n$-1,2 $\alpha)$ $R: t_0 > t(n-1;2\alpha)$
P値	$\Pr(\|t\| > t_0)$	$\Pr(t > t_0)$

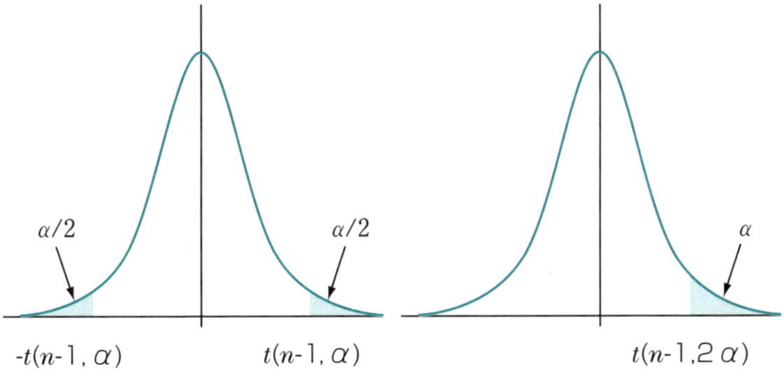

母平均の差の検定の実際

２つの秤ＡとＢに違いがあるか有意水準5%で検定してみます。

手順❶　仮説を設定します。違いがあるかどうかを調べるので両側検定です。

帰無仮説 $H_0 : \mu_d = 0$

対立仮説 $H_1 : \mu_d \neq 0$

手順❷　検定統計量と棄却域を求めます。

まず、$\sum_{i=1}^{12} d_i = 9.8$ と $\sum_{i=1}^{12} d_i^2 = 24.64$

を求めます。

差 d の平均 $\bar{d} = \dfrac{9.8}{12} = 0.82$

差 d の平方和 $S_d = 24.64 - 12 \times \left(\dfrac{9.8}{12}\right)^2 = 16.64$

差 d の分散 $V_d = \dfrac{16.64}{12-1} = 1.513$

検定統計量：$t_0 = \dfrac{\bar{d}}{\sqrt{V_d / n}} = \dfrac{0.82}{\sqrt{1.513/12}} = 2.309$

棄却域：$R : |t_0| > t(11; 0.05) = 2.201$

手順❸　判定をします。$t_0 = 2.309 > 2.201$ より、有意水準5%で帰無仮説は棄却されます。秤に違いがあるといえます。このとき、P値は4%です。

対応のある母平均の差の推定

手順❶　母平均の差の点推定には、標本平均の差が使われます。

母平均の差 $\mu_1 - \mu_2$ の点推定値：$\widehat{\mu_A - \mu_B} = \bar{d} = \bar{x}_A - \bar{x}_B$

手順❷　母平均の差の区間推定には、統計量 $t = \dfrac{d - \mu_d}{\sqrt{V_d / n}}$ が自由度 $n-1$ の t 分布に従うことを用います。信頼率 α での区間推定では、

母平均の差 μ_d の信頼区間：$\overline{d} \pm t(n-1;\alpha)\sqrt{\dfrac{V_d}{n}}$

▶▶ 対応のある母平均の差の推定の実際

2つの秤AとBの差を推定してみます。

手順❶　点推定値

$\hat{\mu}_d = \overline{d} = 0.82$ (g)

手順❷　信頼率95%の区間推定は

$$\overline{d} \pm t(n-1;\alpha)\sqrt{\frac{V_d}{n}} = 0.82 \pm 2.201\sqrt{\frac{1.513}{12}} = 0.82 \pm 0.78 = 0.04{,}1.60$$

より信頼区間は0.04(g)から1.60(g)となります。

▶▶ 対応のないものとしてしまうと

対応があるときに対応を無視してしまうと、個体間のばらつきを誤差ばらつきに含めることになり、誤差分散は大きく見積られます。その結果、検定では検出力が下がり、推定では信頼区間の幅が大きくなります。2つの秤のデータを対応がないものとして検定してみましょう。

手順❶　仮説を設定します。違いがあるかどうかを調べるので両側検定です。

帰無仮説 $H_0 : \mu_1 = \mu_2$
対立仮説 $H_1 : \mu_1 \neq \mu_2$

手順❷　検定統計量と棄却域を求めます。標本分散をそれぞれ計算します。

$S_A = 32483.98 - 12 \times (\dfrac{623.0}{12})^2 = 139.9$ より、$V_A = \dfrac{139.9}{12-1} = 12.72$

$$S_B = 31504.42 - 12 \times (\frac{613.2}{12})^2 = 169.9$$ より、$$V_B = \frac{169.9}{12-1} = 15.45$$

データ数は同じで、V_AとV_Bの比も2倍以内ですから、t検定を用います。

合併分散を求めると

合併分散：$V = \dfrac{139.9 + 169.9}{12 + 12 - 2} = 14.08$

検定統計量：$t_0 = \dfrac{\overline{x}_A - \overline{x}_B}{\sqrt{(\frac{1}{n_A} + \frac{1}{n_B})V}} = \dfrac{51.92 - 51.10}{\sqrt{(\frac{1}{12} + \frac{1}{12}) \times 14.08}} = 0.535$

棄却域：$R : |t_0| \geq t(22; 0.05) = 2.074$

手順❸ 判定します。$t_0 = 0.535 < 2.074$ より、有意水準5%で帰無仮説は棄却されず、2つの秤に差があるとはいえません。このときのP値は59.8%です。

次に、母平均の差を推定してみます。

手順❶ 点推定値

$$\widehat{\mu_A - \mu_B} = \overline{x}_A - \overline{x}_B = 51.92 - 51.10 = 0.82 \text{ (g)}$$

手順❷ 信頼率95%の区間推定は

$$(\overline{x}_A - \overline{x}_B) \pm t(n_A + n_B - 2; \alpha)\sqrt{(\frac{1}{n_A} + \frac{1}{n_B})V} = 0.82 \pm t(22, 0.05)\sqrt{\frac{14.082}{6}}$$
$$= 0.82 \pm 3.18 = -2.36, 4.00$$

より信頼区間は−2.36(g)から4.00(g)となります。

このように対応を無視して比較すると、有意な差は検出できませんでした。差の点推定値は、対応を考えなくても0.82(g)と同じになりますが、信頼区間の幅はかなり大きくなっています。ミカンの個体差までもが、誤差分散に含まれてしまっているためです。

第3章

実験計画法の基礎

要因配置型の実験計画法の考え方と解析法を紹介します。1つの因子を取り上げた一元配置実験と2つの因子を取り上げた二元配置実験を中心に、実験の組み方、分散分析の方法、要因効果の調べ方、交互作用の考え方を説明します。

3-1
実験計画の３原則

誤差を精度よく評価するためには、実験にあたって反復、無作為化、局所管理の３つの原則に従って計画することが望まれます。

フィッシャーの３原則

実験を計画するにあたって、実験の場を適切に設定しなければなりません。実験の場を管理するときに必要な考え方を示したものが**フィッシャーの３原則**で、反復の原則、無作為化の原則、そして局所管理の原則と呼ばれるものです。

反復

反復の原則とは、同一の条件のもとで実験を繰り返すことです。観測誤差の大きさを評価し、推定精度を向上させることができます。１回しか実験していなければ、測定値に違いがあっても、それが条件の違いによる差なのか、誤差による違いなのかの判断ができません。そこで反復により複数回の実験をして誤差のばらつきを求めます。そしてその回数が多いほど、多くの情報が得られ、推定の精度も高くなります。

無作為化

無作為化の原則とは、**系統誤差**を**偶然誤差**へ転化することです。反復を多く取ると、実験回数も増えて時間もかかりますし、実験の条件を揃えたり実験者のくせなどをなくすことは難しくなります。このとき、これらに依存した系統誤差が発生します。

この系統誤差を偶然誤差にしてしまう方法が無作為化です。実験を行う順序を無作為に決めることで、偶然誤差として処理できます。

▶▶ 局所管理

局所管理の原則とは、系統誤差をなくして精度を向上させることです。多くの繰返しをするときには、完全な無作為化を実施するのは難しくなります。そのとき、実験の場を条件が均一になるようなブロックに分けることが局所管理です。

実験装置とか実験者といった、系統誤差が生じる可能性のある要因によってブロックに分け、それぞれのブロック内に比較したい条件を全部入れる方法です。乱塊法（5-5節参照）という実験計画は局所管理を積極的に取り入れた方法です。

実験計画の考え方

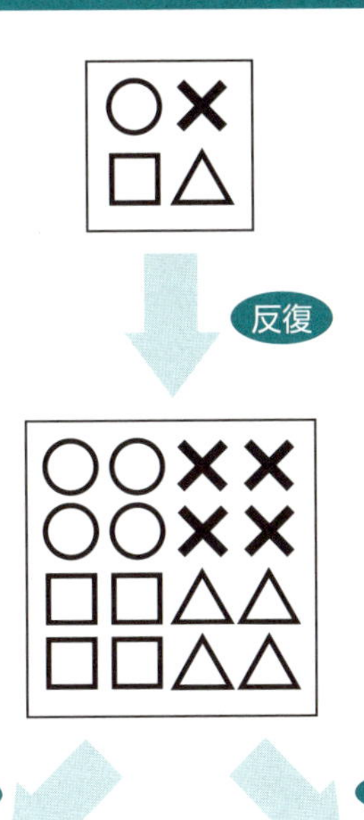

3-2 因子と要因

実験に取り上げる因子は、母数因子か変量因子に分けられます。因子のもたらす効果を要因といいます。要因には主効果や交互作用、誤差などがあります。

母数因子と変量因子

因子の水準を指定することが技術的に可能で、その水準を再現することができる因子を**母数因子**といいます。実験を繰り返したとき、母数因子は各水準で一定の効果を持ちます。実験によってこの効果があるかどうかを調べることになります。温度や添加量などは、再度実験するときに同じ条件を再現することができますから母数因子です。例えば、温度を100℃に設定したときの効果がどの程度であるかを調べることができます。

母数因子には、最適水準を決定することに意味のある**制御因子**と、単に実験条件などを表しているだけで、最適水準を決定することに意味のない**標示因子**があります。

標示因子は再現することはできても、制御することができません。例えば、製品の使用条件で、この条件で使用すると最もよいことがわかったとき、その条件を再現できても、いつもその条件で使用するとは限りません。しかし、他の制御因子が標示因子によってどのような影響を受けるかなどを調べることはできますから、母数因子として取り扱います。

一方、因子の水準を指定することが技術的にできず、水準を再現することが不可能な因子を**変量因子**といいます。局所管理の原則で用いられるブロック因子は変量因子になります。実験の場を均一にするために取り入れられる因子ですから、水準の再現性はありませんし、制御因子との交互作用も考えません。

原料ロットや実験日などは、一般には同じものを再現することはできませんから変量因子となります。例えば、ロット番号102が最適であったとわかっても、そのロットを再現することができなければ仕方ありません。また、5月13日の特性が高かったからといって、実験日を5月13日に設定することにも意味はありません。

変量因子を母数因子に

原料ロットの組成などの、特性を再現することができて同じものを用意できるのであれば、原料ロットも母数因子と見ることができます。どのような原料ロットが望ましいかがわかったとき、それが再現できる母数因子であれば対策が打てます。しかし、変量因子であれば、どんな原料ロットが来るかは運に任せるしかありません。

しかし、変量因子に潜んでいる母数因子の存在を見付ければ、新たな要因につながることもあります。例えば、ロット番号102と他のロットに違いがないか、あるいは、5月13日と他の実験日に違いがないか検討してみます。

原料組成が異なっていたとか、作業員が異なっていたとか、その日は気温が高かったとか、いろいろな違いがあるかと思われます。このようなとき、原料組成や作業員、気温を母数因子とした実験を考えることができます。

つまり、母数因子は制御可能な因子ですから、変量因子を母数因子にすることができると、取りうる手段が増えることになります。

要因とは

取り上げた**因子**のもたらす効果を**要因**といいます。要因には**主効果**と**交互作用**、そして**誤差**があります。

因子単独の効果を主効果といいます。例えば、処理温度を因子としたとき、処理温度を変化させたときに生じる効果が処理温度の主効果です。

複数の因子の組合わせによる効果を交互作用といいます。ある因子の取る値によって、他の因子の効果に違いが表れることがあります。例えば、添加剤Aでは100℃で使用するのが最適だが、添加剤Bでは120℃が最適という場合、処理温度を何度に設定するかは添加剤の種類によって変わります。交互作用については二元配置実験で詳しく説明します。

取り上げた因子で表されない要因を誤差と見なします。実験計画法では、取り上げた因子の主効果や交互作用を調べます。これらの要因効果が統計的に見て有意であるかどうかを誤差と比較して判断します。

3-3

要因配置実験

取り上げた因子の組合わせをすべて実験するのが要因配置実験です。一元配置実験や二元配置実験は、要因効果を知るための最も基本となる解析方法です。

要因配置実験

取り上げた因子とのすべての水準組合わせについて、もれなく実験するのが**要因配置実験**です。取り上げた因子の主効果や交互作用を調べるための基本的な実験計画法です。すべての組合わせで実験をするため、因子をたくさん取り上げると実験回数は多くなります。要因配置実験では、ある程度因子を絞り込んだあとで、要因効果がありそうな因子だけを取り上げて実験するようにします。

1つの因子を取り上げるのが**一元配置実験**です。2つの因子を取り上げる要因配置実験が**二元配置実験**で、2つの因子のすべての水準組合わせで実験をします。3つ以上の因子を取り上げる要因配置実験を**多元配置法**といいますが、せいぜい3つの因子までにとどめておきます。交互作用を検出するには、各水準組合わせで繰り返して実験をすることが必要になります。

一元配置実験と二元配置実験、三元配置実験

因子Aを3水準に設定し、各水準で繰り返し4回の実験をすると、全部で12回の実験を要します。これが**一元配置実験**です。

一元配置実験

A1	○	○	○	○
A2	○	○	○	○
A3	○	○	○	○

因子Bを取り上げて4水準を設定し、因子Aの各水準において因子Bの各水準で1回ずつ実験することができます。これが繰返しのない二元配置実験です。一元配置実験と同じ実験回数で2つの因子の効果を調べることができます。

繰返しのない二元配置実験

	B1	B2	B3	B4
A1	○	○	○	○
A2	○	○	○	○
A3	○	○	○	○

交互作用を調べるには繰返しが必要です。各水準組合わせで繰返しを2回すると、24回の実験が必要になります。これが繰返しのある二元配置実験です。

繰返しのある二元配置実験

	B1	B2	B3	B4
A1	○○	○○	○○	○○
A2	○○	○○	○○	○○
A3	○○	○○	○○	○○

さらに、3つ目の因子Cを取り上げて2水準を設定し、因子Aと因子Bの各水準組合わせにおいて因子Cの各水準で1回ずつ実験すると、24回の実験ができます。これが繰返しのない三元配置実験です。二元配置実験と同じ実験回数で3つの因子の効果を調べることができます。

繰返しのない三元配置実験

	C1				C2			
	B1	B2	B3	B4	B1	B2	B3	B4
A1	○	○	○	○	○	○	○	○
A2	○	○	○	○	○	○	○	○
A3	○	○	○	○	○	○	○	○

要因配置実験は主効果と交互作用を調べる基本的な解析手法です。因子の数が増えると効率的な実験法とはいえませんが、交互作用をつかむための二元配置実験は重要な考え方です。

3-4

一元配置実験の仕組み

因子の水準を変更したとき、特性値の違いが統計的に有意な違いであるかどうかで、要因効果の有無を判断します。1つの因子を取り上げるのが一元配置法です。

成型温度と強度

ある成型品で強度不足による不良が多発していました。強度不足の原因を分析すると、成型温度が強度に影響していると考えられたので、成型温度をどのようにすれば強度を高くできるかを調べることになりました。

そこで、成型温度を3つの水準(A_1：120℃、A_2：150℃、A_3：180℃)に設定し、各水準で5個、合計15個の成型品を作り、強度を測定しました。

横軸に水準を取ってグラフ化すると、どの水準のときに強度が大きくなっているかが見えます。このグラフではA_2水準のときに最大となっていますが、ばらつきも大きそうです。

一元配置実験のデータ

	データ	合計	平均
A_1 (120℃)	58, 70, 57, 52, 61	298	59.6
A_2 (150℃)	63, 60, 72, 70, 67	332	66.4
A_3 (180℃)	56, 57, 51, 54, 64	282	56.4
合計		912	60.8

一元配置実験

因子を1つ取り上げて3つ以上の水準を設定し、各水準で繰り返し行う実験を**一元配置実験**といいます。特性に影響を与えると考えられる要因の調査が進んで、絞り込まれた要因を取り上げ、その要因が及ぼす影響を調べます。

実験計画の考え方

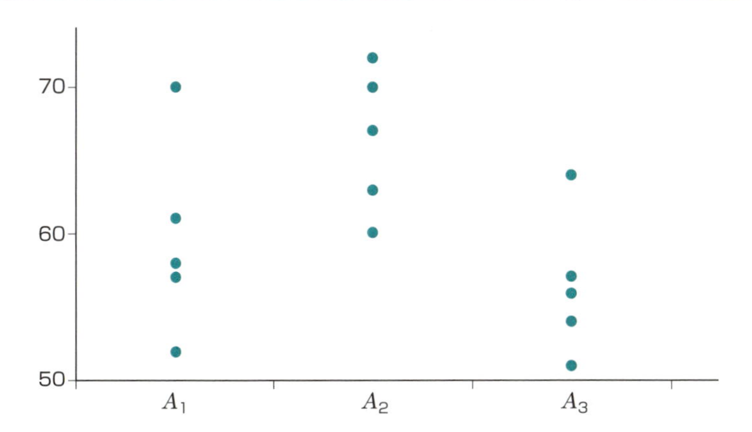

一元配置実験のデータの解析は、分散分析を行います。**分散分析**とは、データのばらつきを要因と誤差によるばらつきに分解し、これらを比較することによって、各水準における平均値の違いが統計的に見て有意かどうかを調べるものです。

水準間に違いがあるとわかったら、特性を最もよくする水準を求めます。これを**最適水準**といいます。そして、最適水準における特性値の母平均を推測したり、新たにデータを取るときの値を予測したりします。

成型温度を変えて強度が最も高くなる条件を見付けようとするとき、強度が最大となる成型温度を**最適水準**といいます。そして、その成型温度での強度の母平均を点推定したり、区間推定したりします。また、その成型温度で新たに成型品を作ったときの強度を点予測したり、区間予測したりすることもできます。

一元配置実験では

- 因子を1つ取り上げて、その効果を調べる。
- 各水準で実験を繰り返して行う。
- 分散分析によって、要因効果があるかどうか調べる。
- 最適水準を求める。
- 母平均の推定を行う。

3-5

要因効果の大きさ

水準を変更したときにデータが大きく変わるということは、その要因が与える影響が大きいことになります。データのばらつきから要因効果の大きさを調べます。

データの構造

水準をA_iに設定すると強度がa_iだけ上がるものとします。このとき、水準A_iにおける母平均μ_iは、全体の母平均μに各水準の効果a_iが合わさった値になります。この効果a_iを因子Aの**主効果**といいます。

$$\mu_i = \mu + a_i$$

例えば、A_1水準では1下がり、A_2水準では5上がり、A_3水準では4下がるなら、$a_1 = -1$、$a_2 = 5$、$a_3 = -4$となります。このとき、全体の平均を$\mu = 60$とすると、各水準における母平均は$\mu_1 = 59$、$\mu_2 = 65$、$\mu_3 = 56$となっています。

一元配置実験におけるデータの仕組み

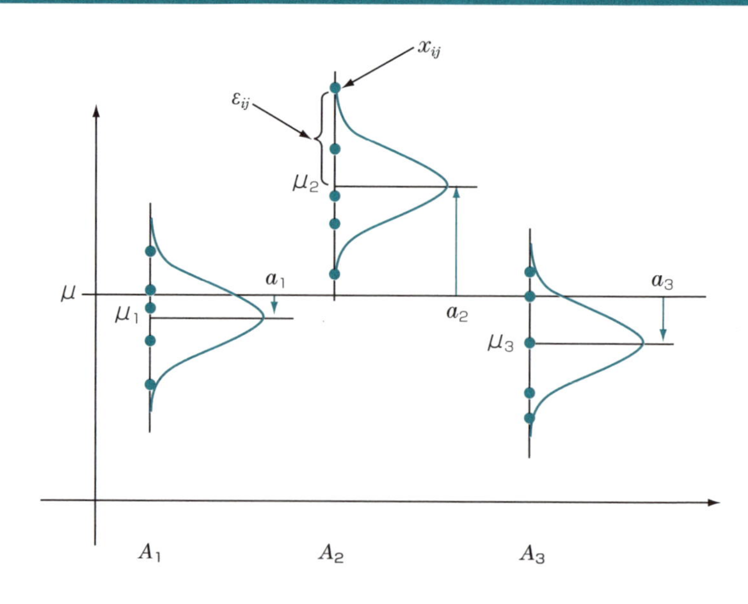

実際に得られるデータには誤差が加わります。水準A_iのj回目のデータx_{ij}における誤差をε_{ij}と表すと、個々のデータは、母平均μ_iに誤差ε_{ij}が加わり、

$$x_{ij} = \mu + a_i + \varepsilon_{ij} = (\text{全体平均}) + (\text{主効果A}) + (\text{誤差})$$

と表すことができます。この式を**データの構造式**といいます。各水準における効果a_iを足し合わせると0になるので、$\sum a_i = 0$という制約条件が付きます。

要因効果の大小

要因の水準を変えるとデータが大きく変わるということは、その要因が与える影響が大きいということです。要因の与える影響の大きさを**要因効果**といい、要因効果の大きさは各水準の効果a_iの分散σ_A^2で判断します。

$$\sigma_A^2 = \frac{1}{l-1}\sum_{i=1}^{l} a_i^2$$

ここで、lは要因Aの水準数です。

例として、次の2つの場合を考えてみましょう。

要因効果の大小

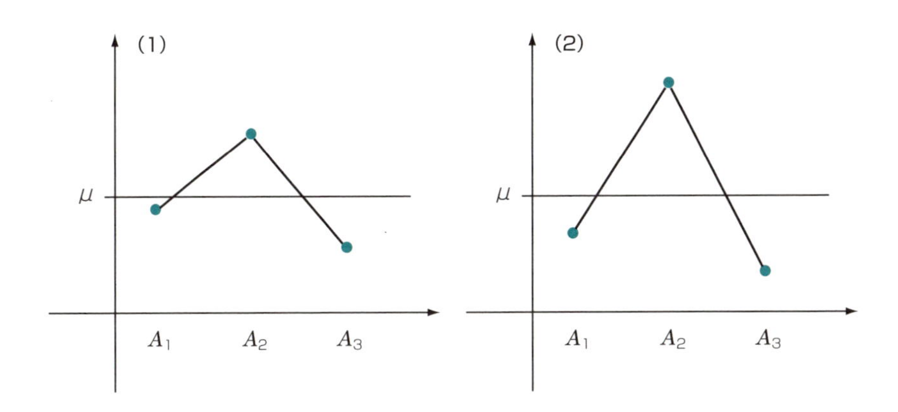

(1) の水準効果は $a_1 = -1,\ a_2 = 5,\ a_3 = -4$

(2) の水準効果は $a_1 = -3,\ a_2 = 9,\ a_3 = -6$

(1) のほうが水準間の変化が小さいので、要因効果は小さいです。このとき、分散を計算すると

$$\sigma_1^2 = \frac{1}{3-1}((-1)^2 + 5^2 + (-4)^2) = 21.0$$
$$\sigma_2^2 = \frac{1}{3-1}((-3)^2 + 9^2 + (-6)^2) = 63.0$$

となり、確かに (1) のほうが小さくなっています。

要因効果の有無

要因効果がないということは水準間に差がないということですから、

$a_1 = a_2 = a_3 = 0$ 、すなわち、$\sigma_A^2 = 0$ となります。

もし、因子Aの水準間で母平均に差があれば、$\sigma_A^2 > 0$ となります。水準間に統計的に有意な差があるかどうかは、次の仮説検定によって判断します。

帰無仮説 $H_0 : \sigma_A^2 = 0$

対立仮説 $H_1 : \sigma_A^2 > 0$

3-6

一元配置実験の分散分析

データのばらつきを要因によるばらつきと誤差のばらつきに分解し、要因によるばらつきが誤差のばらつきに対して有意であるかどうかで要因効果の有無を判断します。

平方和の分解

実際には水準効果A_lの値はわかりませんから、データからσ_A^2を推測します。

そのために、データのばらつきを誤差によるものと要因Aによるものに分解する必要があります。

ばらつきの大きさは、平均からの偏差の2乗和である平方和で表します。因子Aをl水準で取って、各水準で繰り返しr回の実験をしたとき、データの平方和（**総平方和**S_T）は、

$$S_T = (\text{個々のデータの2乗和}) - \frac{T^2}{N}$$

で計算できます。

ここで、Tはデータの合計、Nはデータの総数で、T^2/Nは修正項(CT)と呼ばれます。いろいろな要因の平方和を求めるときに用いますので、あらかじめ計算しておくと便利です。

総平方和は、要因Aによるばらつきの平方和（**要因平方和**S_A）と誤差ばらつきの平方和（**誤差平方和**S_E）に分解できます。

$$S_T = S_A + S_E$$

平方和の分解

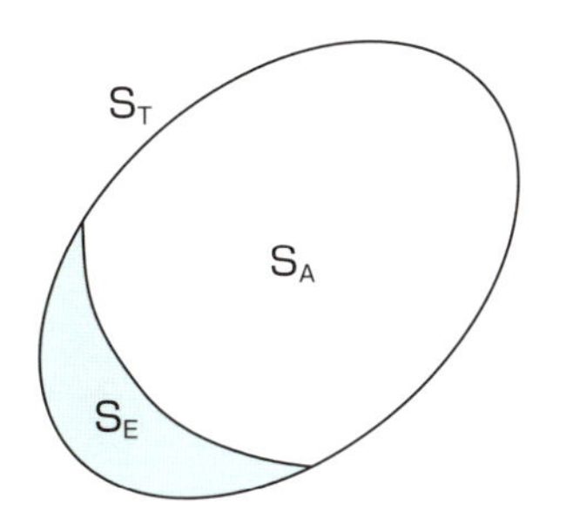

要因平方和は次の式で計算できます。誤差平方和は総平方和から要因平方和を引いて求められます。

$$S_A = \sum_{i=1}^{l} \frac{(A_i\text{水準のデータの合計})^2}{A_i\text{水準のデータ数}} - CT$$
$$S_E = S_T - S_A$$

平方和の自由度

各平方和の**自由度**は次のようになります。自由度にも $\phi_T = \phi_E + \phi_A$ の関係が成立します。

総自由度 $\phi_T = N - 1 = (\text{データ数}) - 1$
要因自由度 $\phi_A = l - 1 = (\text{因子}A\text{の水準数}) - 1$
誤差自由度 $\phi_E = \phi_T - \phi_A = N - l$

平均平方と検定統計量

平方和S_Aを自由度ϕ_Aで割った$V_A = S_A / \phi_A$を**平均平方**といいます。V_Aの期待値は$E(V_A) = \sigma_E^2 + r\sigma_A^2$となり、誤差分散を含んでいて$\sigma_A^2$とならないため、分散にはなりません。

要因効果があるかどうかは、帰無仮説$H_0 : \sigma_A^2 = 0$と対立仮説$H_1 : \sigma_A^2 > 0$によって検定します。要因効果がないときは$\sigma_A^2 = 0$となり、$E(V_A)=E(V_E)$となるので、V_A/V_Eはほぼ1になります。一方、要因効果があるときは$\sigma_A^2 > 0$だから、V_A/V_Eは1より大きな値となります。

したがって、分散比の検定で用いたV_A/V_Eを検定統計量とし、これをF_0値といいます。

検定統計量$F_0 = V_A/V_E$は自由度(ϕ_A, ϕ_E)のF分布に従います。この値が1より大きいかどうかで、$\sigma_A^2 > 0$が統計的に有意であるかどうかを判定します。

▶▶ 有意確率P値

一般に、要因効果が有意かどうかは、検定統計量が棄却域に入っているかどうかで判断します。F分布の5%点と比較して大きければ有意となりますが、これは有意でない確率が5%以下であることを表しています。

一方、有意となる確率(**P値**)を直接求め、P値が5%より小さいかどうかで有意かどうかを判定することもできます。

P値は、F_0値が有意となる確率$\Pr(F > F_0)$として求められます。P値が5%以下であれば有意、1%以下であれば高度に有意となります。

P値を用いると、有意でない場合でも、どの程度の確率で有意となるかを知ることができます。分散分析では有意でないからといって要因効果がないと判断するわけではありません。P値は数値表では求められませんが、Excelなどで簡単に求められます。

▶▶ 分散分析表

これまでの計算結果を表にまとめたものが分散分析表です。F_0値には、5%有意なら*、1%有意なら**を付けます。

一元配置実験の分散分析表

要因	平方和S	自由度ϕ	平均平方V	F_0値	P値
A	S_A	$\phi_A = l-1$	V_A	V_A/V_E	P_A
E	S_E	$\phi_E = N-l$	V_E		
T	S_T	$\phi_T = N-1$			

▶▶ 一元配置実験における分散分析の手順

手順❶　修正項と2乗和を計算します。各水準における合計もデータ表に求めておきます。

手順❷　総平方和と要因平方和を計算します。

手順❸　誤差平方和を計算します。

手順❹ 自由度を計算します。

手順❺ 平均平方を計算します。

手順❻ F_0値を計算します。V_Aを誤差分散V_Eで割って求めます。

手順❼ P値を計算します。自由度(ϕ_A, ϕ_E)のF分布から計算します。

以上の結果を分散分析表にまとめます。

手順❽ 判定をします。主効果Aが有意となったかどうかを見ます。

一元配置実験の分散分析の実際

成型品の強度のデータを使って分散分析をしてみましょう。

手順❶ 修正項と2乗和を計算します。

各水準における合計もデータ表に求めておきます。

$T = 912$, $N = 15$ より、$CT = T^2/N = 912^2/15 = 55449.6$

$$\Sigma x_i^2 = 58^2 + 70^2 + \cdots + 64^2 = 56078$$

手順❷ 平方和を計算します。

$$S_T = \Sigma x_i^2 - CT = 56078 - 55449.6 = 628.4$$

$$S_A = \frac{298^2}{5} + \frac{332^2}{5} + \frac{282^2}{5} - 55449.6 = 260.8$$

手順❸ 誤差平方和を計算します。

$$S_E = S_T - S_A = 628.4 - 260.8 = 367.6$$

手順❹　自由度を計算します。

$$\phi_T = 15 - 1 = 14$$

$$\phi_A = 3 - 1 = 2$$

$$\phi_E = 14 - 2 = 12$$

手順❺　平均平方を計算します。

$$V_A = S_A / \phi_A = 260.8 / 2 = 130.4$$

$$V_E = S_E / \phi_E = 367.6 / 12 = 30.63$$

手順❻　F_0値を計算します。V_Aを誤差分散V_Eで割って求めます。

$$F_0 = V_A / V_E = 130.4 / 30.63 = 4.26$$

手順❼　P値を計算します。自由度(2, 12)のF分布に従いますから

$$\Pr(F > F_0) = 4.0\%$$

以上の結果を分散分析表にまとめます。

分数分析表

要因	平方和S	自由度ϕ	平均平方V	F_0値	P値
A	260.8	2	130.4	4.26*	4.0%
E	367.6	12	30.63		
T	628.4	14			

手順❽　分散分析表より、要因Aは有意となりました。成型温度は強度に影響を及ぼすといえます。

これらの計算では、分散分析表を完成させるようにしながら、平方和、自由度、平均平方、F_0値、P値と順に求めていくといいでしょう。

3-7

最適水準における推定と予測

特性を最もよくする最適水準を求め、そこでの母平均の推定や新たに取るデータの予測をします。推定では点推定と区間推定を行います。

最適水準の決定

要因Aの効果が有意となったら、要因Aをどの水準に設定すると特性値が最大となるかを求めます。これが**最適水準**です。最適水準はA_iの各水準の標本平均を比較して、最大となる水準から求めます。

最適水準における母平均の推定

最適水準における母平均がどのような値になるかを推定します。

点推定値は、その水準での標本平均です。

$$\hat{\mu}(A_i) = \widehat{\mu + a_i} = \frac{T_i}{r} = \overline{x}_i$$

区間推定では、信頼区間の区間幅は、点推定値の分散の推定値の平方根にt分布のα%点をかけたものです。このとき、t分布の自由度は誤差自由度です。

$$点推定値 \pm t(\phi_E, \alpha)\sqrt{\hat{V}(点推定値)}$$

繰返しr回の一元配置実験では、各水準にはr個のデータがありますから、母平均の点推定値 $\overline{x}_i$ の分散は $V(\overline{x}_i) = \sigma_E^2 / r$ です。σ_E^2 は未知だから推定値V_Eで置き換えて、分散 $V(\overline{x}_i)$ の推定値 $\hat{V}(\overline{x}_i)$ は、

$$\hat{V}(\overline{x}_i) = \frac{V_E}{r}$$

です。したがって、母平均の信頼区間は、

$$母平均の信頼区間：\hat{\mu}(A_i) \pm t(\phi_E, \alpha)\sqrt{\frac{V_E}{r}}$$

となります。根号の中の分母には、点推定値を求めるときに用いたデータ数が入ると考えることもできます。

母平均の推定の手順

手順❶　最適水準の決定：最大となる水準を求めます。

手順❷　点推定：最適水準における標本平均が点推定値となります。

手順❸　区間推定：区間幅を次式として信頼区間を求めます。

$$\hat{\mu}(A_i) \pm t(\phi_E, \alpha)\sqrt{\frac{V_E}{r}}$$

最適水準と母平均の推定の実際

成型品の強度のデータにおける最適水準を求めてみましょう。

手順❶　A_iの各水準の平均値を比較すると、

$$\overline{x}_1 = \frac{298}{5} = 59.6,\ \overline{x}_2 = \frac{332}{5} = 66.4,\ \overline{x}_3 = \frac{282}{5} = 56.4$$

A_2水準のときに最大となりますから、A_2が最適水準です。

手順❷　A_2における母平均の点推定値は、

$$\hat{\mu}(A_2) = \overline{x}_2 = 66.4$$

手順❸　信頼率95%での区間推定は、

$$\begin{aligned}\hat{\mu}(A_2) \pm t(\phi_E, \alpha)\sqrt{\frac{V_E}{r}} &= 66.4 \pm t(12, 0.05)\sqrt{\frac{30.63}{5}} \\ &= 66.4 \pm 2.179 \times 2.475 \\ &= 66.4 \pm 5.4 = 61.0, 71.8\end{aligned}$$

より信頼区間は61.0から71.8です。成型温度を150℃としたときの強度の母平均は61.0から71.8となります。

母平均の差の推定

2つの水準間における母平均の差を推定します。

A_i水準とA_j水準における母平均の差の点推定値は、それぞれの水準での母平均の点推定値の差になります。

$$\widehat{\mu(A_i) - \mu(A_j)} = \widehat{\mu + a_i} - \widehat{\mu + a_j} = \frac{T_i}{r} - \frac{T_j}{r} = \overline{x}_i - \overline{x}_j$$

この点推定値の分散は$\hat{V}(\overline{x}_i - \overline{x}_j) = \frac{V_E}{r} + \frac{V_E}{r} = \frac{2}{r}V_E$ですから、

母平均の差の信頼区間：$(\overline{x}_i - \overline{x}_j) \pm t(\phi_E, \alpha)\sqrt{\frac{2}{r}V_E}$

となります。それぞれの水準でのばらつきが合わさっていますから、母平均の信頼区間より区間幅は大きくなります。

繰返し数が一定でない場合

各水準における繰返し数が一定でないときでも、同様に計算することができます。A_i水準における繰返し数をr_iとします。このとき、総データ数Nはr_iの和になり、要因平方和は次のようになります。

$$S_A = \sum_{i=1}^{l} \frac{T_i^2}{r_i} - CT$$

各水準の合計T_iの2乗を各水準のデータ数r_iで割ることに注意してください。信頼区間幅を計算するときの分母にも、その水準におけるデータ数r_iがきます。

繰返し数が一定でない場合は次のようになります。

母平均の差の信頼区間：$(\overline{x}_i - \overline{x}_j) \pm t(\phi_E, \alpha)\sqrt{\frac{V_E}{r_i} + \frac{V_E}{r_j}}$

母平均の差の推定の手順

手順❶ 点推定：それぞれの水準における母平均の点推定値の差となります。

手順❷ 区間推定：区間幅を $t(\phi_E,\alpha)\sqrt{\dfrac{V_E}{r_i}+\dfrac{V_E}{r_j}}$ として、信頼区間を求めます。

母平均の差の推定の実際

A_1 水準と最適水準 A_2 における母平均の差を推定してみます。

手順❶ 点推定値は、各水準における母平均の点推定値の差ですから

$$\widehat{\mu(A_2)-\mu(A_1)}=\frac{332}{5}-\frac{298}{5}=6.8$$

手順❷ 信頼率95%での区間推定は、次式より信頼区間は－0.8から14.4です。

$$\begin{aligned}(\overline{x}_2-\overline{x}_1)\pm t(\phi_E,\alpha)\sqrt{\frac{2}{r}V_E}&=6.8\pm t(12,0.05)\sqrt{\frac{2}{5}\times 30.63}\\&=6.8\pm 2.179\times 3.500\\&=6.8\pm 7.6=-0.8,14.4\end{aligned}$$

成型温度を120℃としたときと、150℃としたときで、成型品の強度の母平均の差は－0.8から14.4となります。

データの予測

最適水準において新たにデータを取るとき、どのような値が得られるかを予測します。予測にも点予測と区間予測があります。成型温度を最適水準にして新たに成型品を作るとき、その強度がいくつになるかを予測します。

これまでに求めた推定値は、最適水準における成型品の強度の母平均であり、個々のデータの値を予測しているのではありません。

点予測値は点推定値と同じです。

$$\hat{x}(A_i)=\overline{x}_i$$

信頼区間の幅は母平均の点推定値の分散 $\hat{V}(\overline{x}_{ij})$ から決まりますが、データの**予測区間**の幅は、これに個々のデータの持つ分散 $\hat{V}(x)$ が加わります。

$$点推定値 \pm t(自由度, \alpha)\sqrt{\hat{V}(点推定値) + \hat{V}(x)}$$

一元配置実験では、母平均の信頼区間の V_E / r に V_E が加わり、

$$データの予測区間：\hat{x}(A_i) \pm t(\phi_E, \alpha)\sqrt{(1 + \frac{1}{r})V_E}$$

となります。

データのばらつき V_E が加わるので、信頼区間に比べて区間幅は広くなります。

新たにデータを取るときの値の予測の手順

手順❶ 点予測：点推定値と同じになります。

手順❷ 区間予測：区間幅を次式として、予測区間を求めます。

$$t(\phi_E, \alpha)\sqrt{(1 + \frac{1}{r})V_E}$$

最適水準におけるデータの予測の実際

最適水準 A_2 で新たにデータを取るとき、得られる値を予測します。

手順❶ 点予測値は点推定値と同じになるので、$\hat{x}(A_2) = 66.4$

手順❷　信頼率95%での予測は

$$\begin{aligned}\hat{x}(A_2) \pm t(\phi_E, \alpha)\sqrt{(1+\frac{1}{r})V_E} &= 66.4 \pm t(12, 0.05)\sqrt{\frac{6}{5} \times 30.63} \\ &= 66.4 \pm 2.179 \times 6.063 \\ &= 66.4 \pm 13.2 = 53.2, 79.6\end{aligned}$$

より予測区間は53.2から79.6です。

成型温度を150℃として新たに成型品を作ったときの強度は53.2から79.6となることが予測されます。

最適水準において、信頼率95%では、母平均の信頼区間の幅±5.4と比べると、$V_E = 30.63$ の誤差分散が母平均の信頼区間幅に加わるので、予測区間の幅は±13.2となり、かなり広くなっています。

信頼区間と予測区間

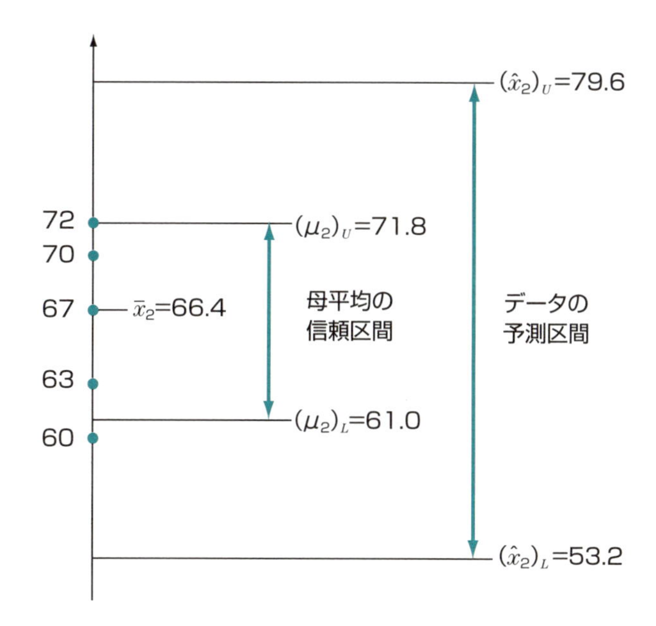

3-8

交互作用

2つの因子を取り上げる実験では、2つの因子の組合わせによる効果を考えなければなりません。組合わせの効果を交互作用といいます。

交互作用

成型品の強度不足の原因をさらに分析すると、成形温度のほかに添加剤の種類も影響しているのではないかということになりました。

そこで2つの因子を取り上げた実験を考えるのですが、2つの因子を同時に取り上げるときには、個々の因子の効果だけでなく、因子の組合わせによる効果が現れることがあります。

成型品の強度が最大になる成型温度と添加剤を選ぶとき、最適な成型温度が添加剤の種類によって変わる場合には、組合わせによる効果が存在している可能性があります。一方の因子がどの水準を取るかによって他方の因子の効果に違いが生じるとき、この組合わせ効果のことを**交互作用**といいます。

交互作用のないとき

Aの水準効果を $a_1 = -2, a_2 = +2$ 、

Bの水準効果を $b_1 = +3, b_2 = -3$

とします。

AとBを同時に取り上げるとき、交互作用がないというのは、一方の因子をどの水準に取っても他方の因子に影響がないということです。

つまり、Aの水準をどちらに取っても、B_1水準では+3、B_2水準では−3となります。

交互作用のないとき

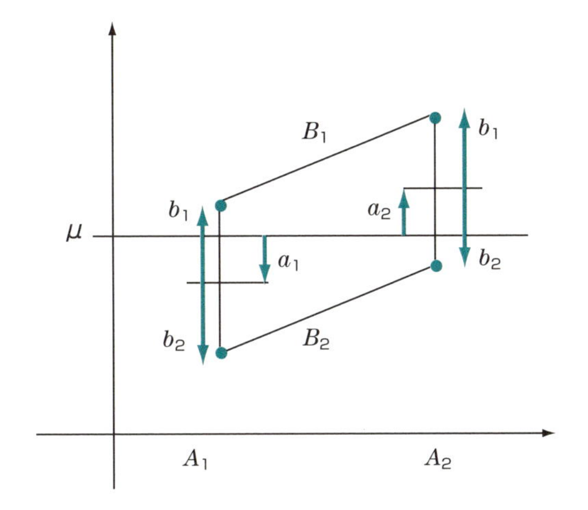

全体の平均を $\mu = 60$ とすると、A_iB_jの水準組合わせにおける母平均は、

$$\mu(A_1B_1) = \mu + a_1 + b_1 = 60 - 2 + 3 = 61$$
$$\mu(A_1B_2) = \mu + a_1 + b_2 = 60 - 2 - 3 = 55$$
$$\mu(A_2B_1) = \mu + a_2 + b_1 = 60 + 2 + 3 = 65$$
$$\mu(A_2B_2) = \mu + a_2 + b_2 = 60 + 2 - 3 = 59$$

と表されます。グラフにすると、平均を結んだ線は平行になります。

交互作用のあるとき

組合わせ効果があるときには、Bの水準効果はAの水準によって変わります。

例えば、A_1水準では $b_1 = +2, b_2 = -2$、A_2水準では $b_1 = +4, b_2 = -4$ 、つまり、A_2水準のほうがBの効果が大きくなるとします。

Bの水準効果にはAの影響が入っていますから、B単独の効果（主効果B）とABの組合わせによる効果（交互作用$A \times B$）を分離します。

主効果Bは平均を取って $b_1 = +3, b_2 = -3$ となります。すると、AとBの組合わせによって起こる効果は、$(ab)_{11} = (ab)_{22} = -1$ と $(ab)_{12} = (ab)_{21} = +1$ になります。

交互作用の仕組み

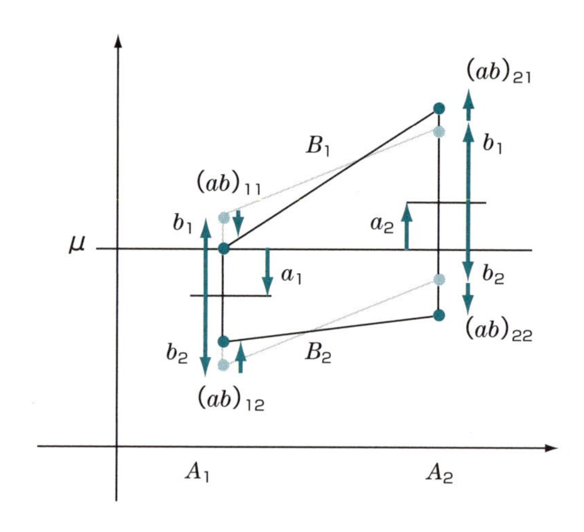

全体の平均を $\mu = 60$ とすると、A_iB_jの水準組合わせにおける母平均は

$$\mu(A_1B_1) = \mu + a_1 + b_1 + (ab)_{11} = 60 - 2 + 3 - 1 = 60$$
$$\mu(A_1B_2) = \mu + a_1 + b_2 + (ab)_{12} = 60 - 2 - 3 + 1 = 56$$
$$\mu(A_2B_1) = \mu + a_2 + b_1 + (ab)_{21} = 60 + 2 + 3 + 1 = 66$$
$$\mu(A_2B_2) = \mu + a_2 + b_2 + (ab)_{22} = 60 + 2 - 3 - 1 = 58$$

と表されます。グラフにすると、Bの水準によってAの水準効果に差が生じるので平行にはなりません。

3-9 二元配置実験の仕組み

2つの因子を取り上げる二元配置実験では、主効果だけでなく交互作用を適切に把握することが重要となります。

二元配置実験

ある成型品の強度不足の原因を分析すると、成形温度のほかに添加剤の種類も影響しているのではないかということがわかりました。そこで、成形温度をどのように設定し、どの添加剤を使うと強度を高くできるかを調べることになりました。2つの因子を取り上げるので、交互作用があるかどうかも気になるところです。

成型温度を3つの水準（A_1：120℃、A_2：150℃、A_3：180℃）に設定し、2種類の添加剤（B_1：従来品、B_2：新製品）を用意しました。6通りの水準組合わせにおいて繰返し2回の実験をし、合計12個の成型品を作り、強度を測定しました。

二元配置実験のデータ

	B_1	B_2	合計	平均
A_1	57, 60	65, 70	252	63.00
A_2	64, 68	62, 67	261	65.25
A_3	60, 57	52, 56	225	56.25
合計	366	372	738	
平均	61.00	62.00		61.50

横軸に因子Aを取ってBの水準ごとにプロットします。平均を線で結ぶと、どの組合わせのときに強度が大きくなっているかが見えます。

従来品（B_1）では150℃（A_2）のときに最大となっていますが、新製品（B_2）では120℃（A_1）のときに最大となっています。

また、成型温度が120℃（A_1）のときには新製品のほうがいいですが、成型温度が高いときには従来品のほうがよさそうです。このように、組合わせによって最適な水準が変わっています。成型温度と添加剤には**交互作用**がありそうです。

データのグラフ化

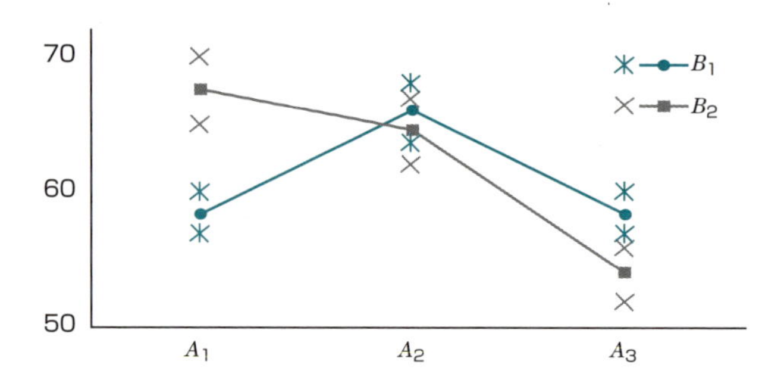

二元配置実験

因子を2つ取り上げて水準を設定し、各水準組合わせで行う実験を**二元配置実験**といいます。2つの因子を同時に取り上げることになるため、組合わせ効果である交互作用があるかどうかを見極めることは重要になります。

交互作用を調べるためには、各水準組合わせで実験を繰り返して行う必要があります。繰返しがないと交互作用は検出できません。二元配置実験では、原則として繰返しをします。交互作用がないと確信できる場合でなければ、繰返しを行って交互作用の有無を検証しないといけません。

分散分析の結果、特性に影響を及ぼすと考えられる要因が決まったら、特性を最もよくする最適水準を求めます。そして、最適水準における特性値の母平均を推測したり、新たにデータを取るときの値を予測したりします。

交互作用があるときとないときで、最適水準の求め方や推測の方法が変わりますから、交互作用を適切にとらえることは大切です。

二元配置実験では

・因子を2つ取り上げて、その主効果と交互作用を調べる。
・交互作用を調べるには各水準組合わせで繰り返し実験する。
・分散分析によって、要因効果があるかどうか調べる。
・最適水準を求める。
・母平均の推定を行う。

3-10 実験の順序

同じ回数の実験でも、実験順序によって解析方法が変わってきます。一元配置や二元配置の実験では、実験全体を完全にランダムな順序で行わなければなりません。

一元配置における実験の順序

一元配置実験では、各水準で何回か繰返しを行います。例えば、3つの水準で4回繰り返すと、全部で12回の実験をすることになります。各水準で4回の実験をするのですが、そのときの実験順序は無作為化の原則に従い、ランダムに決める必要があります。

乱数を使って実験順序を決めることができます。12回の実験に番号を振り、乱数を与えます。エクセルなら関数RAND()で求められます。そして、例えば、値の小さい順に実験を行うように決めます。下表の例では、

$$A_2 \rightarrow A_1 \rightarrow A_1 \rightarrow A_3 \rightarrow A_3 \rightarrow A_2 \rightarrow A_2 \rightarrow A_1 \rightarrow A_2 \rightarrow A_3 \rightarrow A_1 \rightarrow A_3$$

の順に実験をすることになります。

実験順序の決め方（一元配置実験）

実験No	1	2	3	4	5	6	7	8	9	10	11	12
水準	A_1	A_1	A_1	A_1	A_2	A_2	A_2	A_2	A_3	A_3	A_3	A_3
乱数	.674	.136	.873	.239	.749	.494	.023	.420	.394	.763	.928	.256
実験順序	8	2	11	3	9	7	1	6	5	10	12	4

水準	実験順序
A_1（120℃）	②③⑧⑪
A_2（150℃）	①⑥⑦⑨
A_3（180℃）	④⑤⑩⑫

この実験順序によると、まず150℃で実験し、次に120℃に変更します。その後も実験のたびに、成型温度を変更しながら実験をすることになります。コストも手間もかかりますが、1つの水準をまとめて4回実験してはいけません。

繰返しとは

実験の繰返しとは、各因子の水準設定からデータを取るまでの一連の操作を繰り返すことをいいます。成型品の実験では、各水準組合わせで2回の繰返しをしますから、全部で12回の実験をしますが、12回の実験の順序はランダムに決め、それぞれの実験で成型温度を指定の水準に設定し、指定の添加剤を加えて実験しなければなりません。

単なる**測定の繰返し**なら、6通りの成型温度と添加剤の組合わせで実験を行い、2回ずつ測定することになります。データの測定を繰り返すことと実験を繰り返すことは、まったく違います。

二元配置における実験の順序

繰返しのある二元配置実験では、各水準組合わせで何回か繰返しを行います。

例えば、3水準因子Aと2水準因子Bで繰返しを2回とすると、全部で12回の実験をすることになります。これらの12回の実験をランダムな順に行わなければなりません。

12回の実験に番号を振り、乱数を与えます。そして値の小さい順に実験を行います。例えば、次ページの表の例では、

$A_2B_2 \to A_1B_1 \to A_1B_2 \to A_3B_2 \to A_3B_1 \to A_2B_2 \to A_2B_1 \to A_1B_1 \to A_2B_1 \to A_3B_1 \to A_1B_2 \to A_3B_2$

の順に実験をすることになります。

実験順序の決め方（二元配置実験）

実験No	1	2	3	4	5	6	7	8	9	10	11	12
水準	A_1B_1	A_1B_1	A_1B_2	A_1B_2	A_2B_1	A_2B_1	A_2B_2	A_2B_2	A_3B_1	A_3B_1	A_3B_2	A_3B_2
乱数	.674	.136	.873	.239	.749	.494	.023	.420	.394	.763	.928	.256
実験順序	8	2	11	3	9	7	1	6	5	10	12	4

	B_1（従来品）	B_2（新製品）
A_1（120℃）	② ⑧	③ ⑪
A_2（150℃）	⑦ ⑨	① ⑥
A_3（180℃）	⑤ ⑩	④ ⑫

実験のたびに水準の設定を行わなければならないので煩雑になりますが、一元配置の繰返しにもう１つの因子を組み込むことで、効率よく実験が計画されています。

3-11
二元配置実験におけるデータの構造

各水準組合わせで実験の繰返しがないと交互作用と誤差が交絡してしまい、交互作用を検出することができません。

データの構造

2つの因子A, Bを取り上げるときの要因には、因子Aによる主効果と因子Bによる主効果のほかに、因子Aと因子Bの組合わせによる交互作用の3つの要因があります。

水準A_iにおける主効果をa_i、水準B_jにおける主効果をb_j、水準A_iB_jにおける交互作用効果を$(ab)_{ij}$とすると、水準A_iB_jにおける母平均は、全体の母平均μに3つの要因効果が合わさった値になります。

$$\mu_{ij} = \mu + a_i + b_j + (ab)_{ij}$$

実際に得られるデータには誤差が加わるので、水準A_iと水準B_jの組合わせにおけるk回目のデータx_{ijk}の構造式は、

$$x_{ijk} = \mu_{ij} + \varepsilon_{ijk},\ \varepsilon_{ijk} \sim N(0, \sigma^2)$$

となります。したがって、個々のデータの構造式は

$$\begin{aligned} x_{ijk} &= \mu + a_i + b_j + (ab)_{ij} + \varepsilon_{ijk} \\ &= (\text{全体平均}) + (\text{主効果}A) + (\text{主効果}B) + (\text{交互作用}A \times B) + (\text{誤差}) \end{aligned}$$

で構成されます。

ここで次の制約条件が満たされなければなりません。

$$\sum_i a_i = 0,\ \sum_j b_j = 0,\ \sum_i (ab)_{ij} = \sum_j (ab)_{ij} = 0$$

交互作用と誤差の交絡

データには誤差が含まれています。もし、各水準組合わせで1回しか実験をしなかった場合、グラフが平行でなかったとしても、それが交互作用によるものか誤差によるものかを区別することができません。繰返しがないときには、データの構造式において繰返し回数を表す添え字kがありません。

$$x_{ij} = \mu + a_i + b_j + (ab)_{ij} + \varepsilon_{ij}$$

このとき、交互作用$(ab)_{ij}$と誤差ε_{ij}の添え字が同じになるので、計算上でも区別することができません。このことを、「交互作用と誤差が交絡する」といいます。

繰返しのない二元配置実験

交互作用が存在するときに繰返しのない二元配置実験を行うと、交互作用が誤差と交絡し、本来あるはずの交互作用も誤差として現れるため、誤差が過大評価されます。

そのために、主効果の検定をするときの誤差分散が大きくなり、適切な検定をすることができません。二元配置実験では、原則として繰返しをします。交互作用が存在しないとはっきりしているときに限って、繰返しのない二元配置実験をすることができます。

6通りの成型温度と添加剤の組合わせで成型品を作り、それを2回測定したのでは実験を繰り返したことにはなりません。これは測定の繰返しであって、実験の繰返しではありませんから、交互作用を検出することはできません。

この場合、12回の測定をしていますが、ランダム化するのは6通りの水準組合わせです。実験順序を決めるには、まず、6通りの組合わせに番号を振り、乱数を与え、例えば、値の小さい順に実験を行います。下表の例では、$A_1B_2 \to A_2B_2 \to A_3B_2 \to A_1B_1 \to A_3B_1 \to A_2B_1$の順に実験をすることになります。そして、各々の水準組合わせにおいて2回測定をします。

測定を繰り返したときの実験順序の決め方

実験No	1	2	3	4	5	6
水準	A_1B_1	A_1B_2	A_2B_1	A_2B_2	A_3B_1	A_3B_2
乱数	.674	.136	.873	.239	.749	.494
実験順序	4	1	6	2	5	3

	B_1（従来品）	B_2（新製品）
A_1（120℃）	④-1, ④-2	①-1, ①-2
A_2（150℃）	⑥-1, ⑥-2	②-1, ②-2
A_3（180℃）	⑤-1, ⑤-2	③-1, ③-2

3-12

繰返しのある二元配置実験の分散分析

データのばらつきを主効果だけでなく、交互作用によるばらつきにも分解します。これによって、主効果と交互作用が有意であるかどうかを判断できます。

平方和の分解

因子Aをl水準、因子Bをm水準で取って、繰返しr回の実験をしたとき、総平方和S_Tは、要因AとBによるばらつきの平方和S_{AB}と誤差ばらつきの平方和S_Eに分解できます。

$$S_T = S_{AB} + S_E$$

AとBの2つの因子による要因には、それぞれの主効果とそれらの交互作用がありますから、要因平方和S_{AB}は、要因Aの平方和S_Aと要因Bの平方和S_B、そしてAとBの交互作用の平方和$S_{A\times B}$の３つに分解されます。

$$S_{AB} = S_A + S_B + S_{A\times B}$$

平方和の分解

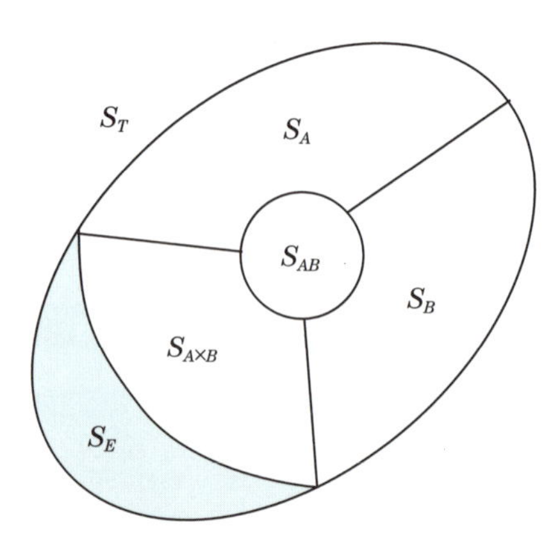

以上をまとめると、総平方和は４つの平方和に分解されます。

$$S_T = S_A + S_B + S_{A\times B} + S_E$$

各平方和は次の計算式で求められます。

$$S_T = \text{（個々のデータの2乗和）} - CT$$

$$S_A = \sum_{i=1}^{l} \frac{(A_i \text{水準のデータの合計})^2}{A_i \text{水準のデータ数}} - CT$$

$$S_B = \sum_{j=1}^{m} \frac{(B_j \text{水準のデータの合計})^2}{B_j \text{水準のデータ数}} - CT$$

$$S_{AB} = \sum_{i=1}^{l}\sum_{j=1}^{m} \frac{(A_iB_j \text{水準のデータの合計})^2}{A_iB_j \text{水準のデータ数}} - CT$$

$$S_{A\times B} = S_{AB} - S_A - S_B$$

$$S_E = S_T - (S_A + S_B + S_{A\times B})$$

平方和の自由度

各平方和の自由度は次のようになります。記号で書くとわかりにくいですが、交互作用の自由度は主効果の自由度の積になり、誤差自由度は全自由度から要因の自由度を引く、と覚えるとよいでしょう。

$$\phi_T = N - 1 = lmr - 1 = \text{(総データ数)} - 1$$

$$\phi_A = l - 1 = (A\text{の水準数}) - 1$$

$$\phi_B = m - 1 = (B\text{の水準数}) - 1$$

$$\phi_{A\times B} = \phi_A \times \phi_B = (l-1)(m-1)$$

$$\phi_E = \phi_T - (\phi_A + \phi_B + \phi_{A\times B}) = lm(r-1)$$

分散分析表

二元配置では3つの要因効果に関する検定を同時にします。主効果A、主効果B、交互作用$A \times B$のそれぞれの要因に対して平均平方を求め、誤差分散との比であるF_0値を計算します。

そして、P値によって有意かどうかの判定をします。F分布の5%点、あるいは1%点を比較することでも判定できます。これらの結果をまとめたものが分散分析表です。これまでの手順は一元配置とまったく同じです。

二元配置実験の分散分析表

要因	平方和S	自由度ϕ	平均平方V	F_0値	P値
A	S_A	ϕ_A	V_A	V_A / V_E	P_A
B	S_B	ϕ_B	V_B	V_B / V_E	P_B
$A \times B$	$S_{A\times B}$	$\phi_{A\times B}$	$V_{A\times B}$	$V_{A\times B} / V_E$	$P_{A\times B}$
E	S_E	ϕ_E	V_E		
T	S_T	ϕ_T			

二元配置実験における分散分析の手順

手順❶　修正項と2乗和を計算します。各水準における合計もデータ表に求めておきます。

手順❷　総平方和と要因平方和を計算します。主効果AとB、交互作用$A \times B$の平方和を求めます。

手順❸　誤差平方和を計算します。

手順❹　自由度を計算します。

手順❺　平均平方を計算します。

手順❻　F_0値を計算します。平均平方を誤差分散V_Eで割って求めます。

手順❼　P値を計算します。

以上の結果を分散分析表にまとめます。

手順❽　判定をします。主効果AとB、交互作用$A \times B$が有意となったかどうかを見ます。

▶▶ 繰返しのある二元配置実験の分散分析の実際

2つの因子を取り上げたときの成型品の強度データを使って、分散分析をしてみましょう。

手順❶　修正項と2乗和を計算します。各水準における合計をデータ表で求めておきます。

$T = 738, N = 12$ より、

$CT = T^2/N = 738^2/12 = 45387.0$

$\Sigma x_i^2 = 57^2 + 60^2 + \cdots + 56^2 = 45716$

手順❷　平方和を計算します。

$$S_T = \Sigma x_i^2 - CT = 45716 - 45387.0 = 329.0$$

$$S_A = \frac{252^2}{4} + \frac{261^2}{4} + \frac{225^2}{4} - 45387.0 = 175.5$$

$$S_B = \frac{366^2}{6} + \frac{372^2}{6} - 45387.0 = 3.0$$

$$S_{AB} = \frac{117^2}{2} + \frac{135^2}{2} + \frac{132^2}{2} + \frac{129^2}{2} + \frac{117^2}{2} + \frac{108^2}{2} - 45387.0 = 279.0$$

$$S_{A \times B} = S_{AB} - S_A - S_B = 279.0 - 175.5 - 3.0 = 100.5$$

手順❸　誤差平方和を計算します。

$$S_E = S_T - S_{AB} = 329.0 - 279.0 = 50.0$$

手順❹ 自由度を計算します。

$$\phi_T = 12 - 1 = 11$$
$$\phi_A = 3 - 1 = 2$$
$$\phi_B = 2 - 1 = 1$$
$$\phi_{A\times B} = 2 \times 1 = 2$$
$$\phi_E = \phi_T - (\phi_A + \phi_B + \phi_{A\times B}) = 11 - (2 + 1 + 2) = 6$$

手順❺ 平均平方を計算します。

手順❻ F_0値を計算します。

手順❼ P値を計算します。

以上の結果を分散分析表にまとめます。手順5から手順7は分散分析表を完成させながら計算していきます。

分散分析表

要因	平方和S	自由度ϕ	平均平方V	F_0値	P値
A	175.5	2	87.75	10.53*	1.1%
B	3.0	1	3.00	0.36	57.0%
$A\times B$	100.5	2	50.25	6.03*	3.7%
E	50.0	6	8.333		
T	329.0	11			

手順❽ 分散分析表より、主効果Aと交互作用$A \times B$が有意となりました。成型温度は強度に影響を及ぼし、添加剤の種類との交互作用も見付かりました。

3-13 最適水準における推定と予測

二元配置実験においても最適水準を求め、そこでの母平均の推定や新たに取るデータの予測をします。交互作用の有無で最適水準の決め方が変わります。

最適水準の決定

交互作用があるときには、2つの因子を別々に考えてはいけません。2つの因子を一緒にして考え、ABのすべての水準組合わせの中で最大となる組合わせが最適水準になります。各組合わせにおける平均値を計算して二元表を作ります。

成型品の強度データでは因子Aと因子Bの間に交互作用がありますから、ABの6通りの水準組合わせで平均を計算し、これらの中から最大となる組合わせを選びます。A_1B_2水準が最適水準となります。

AB二元表

	B_1	B_2
A_1	58.5	67.5
A_2	66.0	64.5
A_3	58.5	54.0

最適水準における母平均の推定

二元配置実験における推定の手順も一元配置実験とまったく同じです。A_iB_j水準における母平均の点推定値は、その水準組合わせでの標本平均です。

$$\hat{\mu}(A_iB_j) = \overline{\mu + a_i + b_j + (ab)_{ij}} = \frac{T_{ij}}{r} = \overline{x}_{ij}$$

各水準組合わせにはr個のデータがありますから、点推定値$\overline{x}_{ij}$の分散$\hat{V}(\overline{x}_{ij})$の推定値は、

$$V(\overline{x}_{ij}) = \frac{V_E}{r}$$

です。したがって、母平均の信頼区間は以下となります。

母平均の信頼区間：$\overline{x}_{ij} \pm t(\phi_E, \alpha)\sqrt{\dfrac{V_E}{r}}$

交互作用があるときの母平均の推定の手順

手順❶　最適水準の決定：2つの因子の組合わせを見て、最大となる水準組合わせを求めます。

手順❷　点推定：最適水準における標本平均が点推定値です。

手順❸　区間推定：区間幅を$t(\phi_E, \alpha)\sqrt{\dfrac{V_E}{r}}$として、信頼区間を求めます。

最適水準と母平均の推定の実際

成型品の強度のデータにおける最適水準を求めてみましょう。

手順❶　ABの6通りの組合わせの中から最大となる組合わせを選び、A_1B_2水準が最適水準です。成型温度を120℃として新製品の添加剤を使うと強度が最大になります。

手順❷　A_1B_2水準における点推定値は、

$$\hat{\mu}(A_1B_2) = \overline{\mu + a_1 + b_2 + (ab)_{12}} = \frac{135}{2} = 67.5$$

手順❸　信頼率95%での区間推定は、以下より信頼区間は62.5から72.5です。

$$\begin{aligned}\hat{\mu}(A_1B_2) \pm t(\phi_E, \alpha)\sqrt{\frac{V_E}{r}} &= 67.5 \pm t(6, 0.05)\sqrt{\frac{8.333}{2}} \\ &= 67.5 \pm 2.447 \times 2.041 \\ &= 67.5 \pm 5.0 = 62.5, 72.5\end{aligned}$$

成型温度を120℃として新製品の添加剤を使うと強度の母平均は62.5から72.5となります。

母平均の差の推定

2つの水準間における母平均の差を推定します。A_iB_j 水準と$A_{i'}B_{j'}$ 水準における母平均の差の点推定値は、それぞれの水準組合わせでの点推定値の差です。

$$\widehat{\mu(A_iB_j)-\mu(A_{i'}B_{j'})}=\widehat{\mu+a_i+b_j+(ab)_{ij}}-\widehat{\mu+a_{i'}+b_{j'}+(ab)_{i'j'}}$$
$$=\frac{T_{ij}}{r}-\frac{T_{i'j'}}{r}=\overline{x}_{ij}-\overline{x}_{i'j'}$$

この点推定量の分散は $V(\overline{x}_{ij}-\overline{x}_{i'j'})=\frac{V_E}{r}+\frac{V_E}{r}=\frac{2}{r}V_E$ ですから、信頼区間は

母平均の差の信頼区間：$(\overline{x}_{ij}-\overline{x}_{i'j'})\pm t(\phi_E,\alpha)\sqrt{\frac{2}{r}V_E}$

となります。

母平均の差の推定の手順

手順❶　点推定：それぞれの水準における母平均の点推定値の差です。

手順❷　区間推定：区間幅を $t(\phi_E,\alpha)\sqrt{\frac{2}{r}V_E}$ として、信頼区間を求めます。

母平均の差の推定の実際

A_1B_1 水準と最適水準 A_1B_2 における母平均の差を推定してみます。

手順❶　点推定値は、各水準組合わせにおける点推定値の差ですから

$$\widehat{\mu(A_1B_2)-\mu(A_1B_1)}=\frac{135}{2}-\frac{117}{2}=9.0$$

手順❷　信頼率95%での区間推定は

$$(\overline{x}_{12}-\overline{x}_{11})\pm t(\phi_E,\alpha)\sqrt{\frac{2}{r}V_E}=9.0\pm t(6,0.05)\sqrt{\frac{2}{2}\times 8.333}$$
$$=9.0\pm 2.447\times 2.887$$
$$=9.0\pm 7.1=1.9,16.1$$

より信頼区間は1.9から16.1です。成型温度を120℃としたとき、従来品の添加剤と新製品の添加剤による強度の母平均の違いは1.9から16.1となります。

データの予測

ある条件で新たにデータを取るとき、得られるデータの値を予測します。このときの手順も一元配置とまったく同じです。

最適水準における点予測値は点推定値と同じです。

$$\hat{x}(A_iB_j) = \overline{x}_{ij}$$

予測区間の幅は、母平均の信頼区間のV_E / rにV_Eが加わります。

データの予測区間：$\hat{x}(A_i) \pm t(\phi_E, \alpha)\sqrt{(1 + \frac{1}{r})V_E}$

新たにデータを取るときの値の予測の手順

手順❶ 点予測：点推定値と同じです。

手順❷ 区間予測：区間幅を$t(\phi_E, \alpha)\sqrt{(1 + \frac{1}{r})V_E}$として、予測区間を求めます。

最適水準におけるデータの予測の実際

最適水準A_1B_2で新たにデータを取るとき、得られる値を予測します。

手順❶ 点予測値は点推定値と同じになるので、$\hat{x}(A_1B_2) = 67.5$

手順❷ 信頼率95%での予測は

$$\begin{aligned}\hat{x}(A_1B_2) \pm t(\phi_E, \alpha)\sqrt{(1 + \frac{1}{r})V_E} &= 67.5 \pm t(6, 0.05)\sqrt{(1 + \frac{1}{2}) \times 8.333} \\ &= 67.5 \pm 2.447 \times 3.536 \\ &= 67.5 \pm 8.7 = 58.8, 76.2\end{aligned}$$

より予測区間は58.8から76.2です。成型温度を120℃として新製品の添加剤を使用したときの成型品の強度は、58.8から76.2となります。

3-14 交互作用がないとき

2つの因子を同時に取り上げても、交互作用が見られないことがあります。分散分析の結果が有意とならなかったからといって、効果がないと判断することはできません。

有意とならない交互作用

成型温度を3水準 (A_1: 120℃, A_2: 150℃, A_3: 180℃)、成分Zの量を2水準 (B_1: 現行, B_2: 20%増) に設定し、各水準組合わせで2回、合計12回の実験をしました。

二元配置実験のデータ

	B_1	B_2	合計	平均
A_1	57, 60	61, 66	244	61.0
A_2	64, 68	72, 66	270	67.5
A_3	60, 57	61, 64	242	60.5
合計	366	390	756	
平均	61.0	65.0		63.0

データのグラフ化

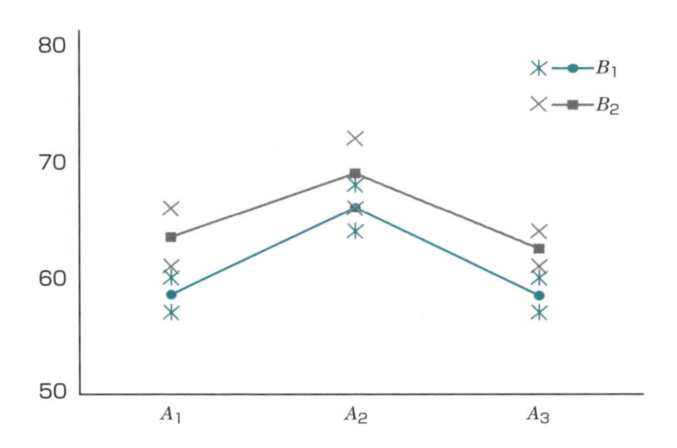

手順に従って分散分析をします。

手順❶ 修正項と２乗和を計算します。

$T = 756, N = 12$より、$CT = 756^2/12 = 47628$

$\Sigma x_i^2 = 57^2 + 60^2 + \cdots + 64^2 = 47852$

手順❷ 平方和を計算します。

$$S_T = 47852 - 47628 = 224$$

$$S_A = \frac{244^2}{4} + \frac{270^2}{4} + \frac{242^2}{4} - 47628 = 122$$

$$S_B = \frac{366^2}{6} + \frac{390^2}{6} - 47628 = 48$$

$$S_{AB} = \frac{117^2}{2} + \frac{127^2}{2} + \frac{132^2}{2} + \frac{138^2}{2} + \frac{117^2}{2} + \frac{125^2}{2} - 47628 = 172$$

$$S_{A \times B} = 172 - 122 - 48 = 2$$

手順❸ 誤差平方和を計算します。

$$S_E = S_T - S_{AB} = 224 - 172 = 52$$

手順❹ 自由度、平均平方、F_0値、P値を求めて、分散分析表にまとめます。

分散分析表

要因	平方和S	自由度ϕ	平均平方V	F_0値	P値
A	122	2	61.0	7.04*	2.7%
B	48	1	48.0	5.54	5.7%
$A \times B$	2	2	1.0	0.12	88.9%
E	52	6	8.67		
T	224	11			

分散分析表より主効果Aは有意となりました。成型温度は強度に影響を及ぼしているといえます。主効果Bと交互作用$A \times B$は有意ではありません。特に交互作用$A \times B$はF_0値も小さく、P値はかなり大きいです。

分散分析の結果

有意のときには要因効果があるといえますが、有意でないときには要因効果がないといえるわけではありません。有意でないときには対立仮説は採択されませんが、帰無仮説が採択されるのではないからです。

効果があるかないかを判断する際、P値が20%程度より大きい場合には、効果がないとする考え方があります。このとき、F分布は自由度によって変わるものの、20%点はおおよそ2となることから、F_0値が2より小さいときには効果がないとすることもあります。ただし、固有技術的な観点からの判断も重要であり、2より小さいものは一律に効果なしと判断するものではありません。

この例では、交互作用$A \times B$は有意ではありません。F_0値は2より小さく、P値も20%以上ありますから、交互作用はないものと考えてもよいでしょう。

3-15

プーリング

要因効果がないと判断された場合には、それを誤差と見なします。この操作をプーリングといいます。プーリングをするかどうかには基準があります。

誤差と見なす

要因効果がないと判断された場合、その要因のばらつきは誤差のばらつきの一部と見なします。このとき、誤差平方和にその要因の平方和を足し合わせて、改めて誤差平方和を求めます。同様に、誤差自由度にも要因の自由度を足し合わせます。

このようにして、効果がないと判断された要因を誤差に足し合わせて、誤差を再評価することを**プーリング**といいます。

成型温度と成分Zのデータでは、交互作用の効果はないと判断されましたので、交互作用を誤差にプーリングします。新たに得られた誤差の平方和$S_{E'}$と自由度要因$\phi_{E'}$は、次のようになります。

$$S_{E'} = S_E + S_{A \times B} = 52 + 2 = 54$$
$$\phi_{E'} = \phi_E + \phi_{A \times B} = 6 + 2 = 8$$

新しい誤差によって要因効果の有無を検定するため、分散分析表を作り直します。

分散分析表

要因	平方和S	自由度ϕ	平均平方V	F_0値	P値
A	122	2	61.0	9.04**	0.9%
B	48	1	48.0	7.11*	2.9%
E'	54	8	6.75		
T	224	11			

分散分析表より主効果Aは高度に有意、主効果Bは有意となりました。成型温度と成分Zは強度に影響を及ぼしているといえます。

プーリングの目安

交互作用が本当に存在しないなら、誤差の大きさを正しく見積もるためにも、プーリングは重要な考え方です。このとき、誤差自由度が大きくなり、より精度の高い検定や推定を行うことができるようになります。

プーリングは効果がないと判断できた要因のみを対象にします。有意とならなかった要因をプーリングの対象とするのではありません。有意とならなかったからといって、効果がないというわけではないからです。

効果がないかどうかの判断の目安としては、F_0値が2以下、P値が20%以上などが用いられます。有意でなくF_0値が小さい要因がプーリングの対象となります。

成型温度と成分Zのデータでは、主効果Bは有意ではありませんでしたが、F_0値は5もあり、P値も5.7%ですから、効果がないとは見なしません。そのため、プーリングするのは交互作用$A \times B$のみとなります。

主効果のプーリング

一般に、有意でなくF_0値も小さい要因は、誤差にプーリングします。しかし、主効果に対するプーリングの考え方は、二元配置実験のような要因配置実験と、第4章で説明する直交配列表実験のような部分配置実験では異なります。

要因配置実験では、取り上げた因子のすべての組合わせで実験をします。実験回数も多くなることから、データに影響を与えていると思われる因子だけを取り上げて実験するのが一般的です。

したがって、取り上げた因子が有意かどうかよりも、どの程度影響を与えているかを知ることのほうが重要です。そのため、主効果はたとえ要因効果がなくても誤差とは見なさず、プーリングの対象にはしません。交互作用は効果がなければプーリングします。

一方、部分配置型の直交配列表実験は、どの因子が影響を与えているかを調べる実験です。一部の組合わせしか実験しませんから、効果があるかどうかわからない要因も取り上げて実験することがあります。そのため、効果がないと判断されれば、主効果でも交互作用でも誤差にプーリングします。

3-16

交互作用と最適水準

交互作用があるかないかで**最適水準**の求め方が変わります。交互作用の有無が検出できても、最適水準など推測が正しく求められないと意味がありません。

最適水準の決め方

交互作用があるときには、2つの因子の組合わせから最適な水準組合わせを求めます。一方、交互作用がないときには、2つの因子を別々に見てそれぞれの最適な水準を求めます。

交互作用があるときの最適水準

交互作用があるときは、ABの組合わせの中から最大のものを選びます。この例では、A_1B_2水準のときに平均が67.5で最大となり、A_1B_2水準が最適水準です。

交互作用があるときの最適水準

	B_1	B_2	平均
A_1	58.5	67.5	63.00
A_2	66.0	64.5	65.25
A_3	58.5	54.0	56.25
平均	61.00	62.00	61.50

交互作用があるときは、6つの組合わせの中から選びます

交互作用がないときの最適水準

交互作用がないときは、因子の組合わせによる効果はありませんから、因子ごとに最大となる水準を決めます。まず、Aの各水準の平均を比較して最大となる水準A_2を選びます。次に、Bの各水準の平均を比較して最大となる水準B_2を選びます。その結果、A_2B_2水準が最適水準です。求めた最適水準は、ABの水準組合わせの中から選んだ最大のものと一致するとは限りません。交互作用がないときに組合わせから最適水準を求めるのは誤りです。

交互作用がないときの最適水準

	B_1	B_2	平均
A_1	58.5	63.5	61.0
A_2	66.0	69.0	67.5
A_3	58.5	62.5	60.5
平均	61.0	65.0	63.0

交互作用がないときは、それぞれの因子ごとに選びます

誤った最適水準

交互作用があるときに、交互作用がないものとして最適水準を選ぶと、間違った水準を選ぶことがあります。

例えば、最初の数値例では、交互作用がありましたから、ABの組合わせから最適水準としてA_1B_2水準が選ばれました。もし、交互作用を考えなければ、Aの各水準の平均を比較して最大となる水準A_2を選び、Bの各水準の平均を比較して最大となる水準B_2を選びますから、最適水準としてA_2B_2水準が選ばれてしまいます。

最適水準を誤る例

	B_1	B_2	平均
A_1	58.5	67.5	63.00
A_2	66.0	64.5	65.25
A_3	58.5	54.0	56.25
平均	61.00	62.00	61.50

これはAとBを別々に取り上げて２つの一元配置実験をしたときの結果と同じです。別々の実験をしているわけですから、交互作用を知ることはできません。その結果、正しい最適水準を知ることもできなかったことになります。

交互作用が存在しそうな因子があれば、それらは同時に取り上げて実験する必要があります。そして、交互作用が存在しているかどうかを検証したうえで、正しい方法で最適水準を決定してください。

3-17

交互作用がないときの推定と予測

交互作用が存在しないとき、最適水準での母平均の推定や新たに取るデータの予測をします。推定に用いたデータ数に相当する有効反復数という考え方が大切になります。

最適水準における母平均の点推定

交互作用がないときには、最適水準A_iB_jは因子ごとに最大となる水準を選びました。そのときの母平均の点推定も、因子ごとにA_i水準における平均$\widehat{\mu + a_i}$とB_j水準における平均$\widehat{\mu + b_j}$から求めます。データの構造式から

$$\begin{aligned}\hat{\mu}(A_iB_j) &= \widehat{\mu + a_i + b_j} = \widehat{\mu + a_i} + \widehat{\mu + b_j} - \hat{\mu} \\ &= (A_i\text{における平均}) + (B_j\text{における平均}) - (\text{全体平均}) \\ &= \frac{T_{i\bullet}}{mr} + \frac{T_{\bullet j}}{lr} - \frac{T}{lmr}\end{aligned}$$

となります。

A_i水準の平均とB_j水準の平均を足してから全体平均を引いています。A_i水準の平均$\widehat{\mu + a_i}$とB_j水準の平均$\widehat{\mu + b_j}$を足すとμが2回現れるので、1つぶんだけμを引きます。

有効反復数

点推定値は、これまでのようにデータの合計をデータ数で単純に割ったものではなく、A_i水準の平均やB_j水準の平均、全体平均から計算されます。

このとき、点推定値に用いたデータ数が何個ぶんに相当するかを示すものとして、有効反復数n_eを考えます。有効反復数を計算する公式として、伊奈の式あるいは田口の式が使われます。

$$(\text{伊奈の式})\quad \frac{1}{n_e} = \text{点推定に用いた式の係数の和} = \frac{1}{mr} + \frac{1}{lr} - \frac{1}{lmr}$$

$$（田口の式）\ \frac{1}{n_e} = \frac{点推定に用いた要因の自由度の和+1}{総データ数} = \frac{l+m-1}{lmr}$$

伊奈の式の分母に現れる数字は、点推定値を求める計算式に現れる分母と同じです。これは、有効反復数を計算するときに便利な関係式です。

最適水準における母平均の区間推定

有効反復数をn_eとすると、点推定値の分散の推定値は

$$\hat{V}(\hat{\mu}(A_iB_j)) = \frac{V_E}{n_e}$$

となります。したがって、母平均の信頼区間は、以下のようになります。

母平均の信頼区間：$\hat{\mu}(A_iB_j) \pm t(\phi_E, \alpha)\sqrt{\dfrac{V_E}{n_e}}$

交互作用がないときの母平均の推定の手順

手順❶　最適水準の決定：2つの因子の組合わせを見て、最大となる水準組合わせを求めます。

手順❷　点推定：最適水準における標本平均が点推定値です。

手順❸　区間推定：区間幅を$t(\phi_E, \alpha)\sqrt{\dfrac{V_E}{n_e}}$として、信頼区間を求めます。

最適水準における母平均の推定の実際

手順❶　データ表から、成型温度はA_2水準のときに最大になり、成分Zの量はB_2水準のときに最大になります。よって、A_2B_2が最適水準です。成型温度を150℃として、成分Zの量を20%増やしたときに強度が最大となります。

手順❷　A_2B_2水準における母平均の点推定値は

$$\hat{\mu}(A_2B_2) = \widehat{\mu + a_2 + b_2} = \widehat{\mu + a_2} + \widehat{\mu + b_2} - \hat{\mu}$$
$$= \frac{270}{4} + \frac{390}{6} - \frac{756}{12} = 69.5$$

手順❸ 有効反復数を求めます。

$$\frac{1}{n_e} = \frac{1}{4} + \frac{1}{6} - \frac{1}{12} = \frac{1}{3}\ \text{（伊奈の式）},\qquad \frac{1}{n_e} = \frac{(2+1)+1}{12} = \frac{1}{3}\ \text{（田口の式）}$$

よって信頼率95%での区間推定は、

$$\hat{\mu}(A_2B_2) \pm t(\phi_E, \alpha)\sqrt{\frac{V_E}{n_e}} = 69.5 \pm t(8, 0.05)\sqrt{\frac{6.75}{3}}$$
$$= 69.5 \pm 2.306 \times 1.500$$
$$= 69.5 \pm 3.5 = 66.0, 73.0$$

より信頼区間は66.0から73.0です。成型温度を150℃として、成分Zの量を20%増やしたときの強度の母平均は、66.0から73.0となります。

母平均の差の推定

2つの水準組合わせにおける母平均の差の点推定値は、それぞれの水準組合わせにおける母平均の点推定値の差で求められます。

A_iB_j水準と$A_{i'}B_{j'}$水準における母平均の点推定値は、

$$\hat{\mu}(A_{i'}B_{j'}) = \overline{x}_{i'j'} = \widehat{\mu + a_{i'}} + \widehat{\mu + b_{j'}} - \hat{\mu} = \frac{T_{i'\bullet}}{mr} + \frac{T_{\bullet j'}}{lr} - \frac{T}{lmr}$$

$$\hat{\mu}(A_iB_j) = \overline{x}_{ij} = \widehat{\mu + a_i} + \widehat{\mu + b_j} - \hat{\mu} = \frac{T_{i\bullet}}{mr} + \frac{T_{\bullet j}}{lr} - \frac{T}{lmr}$$

ですから、その差を点推定値とします。

区間推定では、一元配置のときと同じように区間幅を計算するときの誤差分散は、点推定を計算するときに使った推定量の分散の和になります。

このとき、比較する水準間で2つの因子とも水準が異なる場合と一方の因子だけ水準が異なる場合で、有効反復数n_eが変わることに注意しないといけません。

2つの点推定値の差を計算するとき、共通して現れる項は相殺されるので、それに伴って有効反復数が変わってきます。

母平均の差の信頼区間：$(\overline{x}_{ij} - \overline{x}_{i'j'}) \pm t(\phi_E, \alpha)\sqrt{\dfrac{2}{n_e}V_E}$

▶▶ 点推定値の有効反復数

A_1B_2水準とA_3B_1水準のように、2つの因子とも水準が異なる($i \neq i', j \neq j'$)とき両者の差を取ると、全体平均$\dfrac{T}{lmr}$だけが相殺されます。

そこで、残った項から母平均の差の点推定値が求めると、

$\overline{x}_{ij} - \overline{x}_{i'j'} = (\dfrac{T_{i\bullet}}{mr} + \dfrac{T_{\bullet j}}{lr}) - (\dfrac{T_{i'\bullet}}{mr} + \dfrac{T_{\bullet j'}}{lr})$ となります。

それぞれの有効反復数が$\dfrac{1}{n_e} = \dfrac{1}{mr} + \dfrac{1}{lr}$ ですから、

$\overline{x}_{ij} - \overline{x}_{i'j'}$の有効反復数は$\dfrac{2}{n_e}$ です。

母平均の差の信頼区間：$(\overline{x}_{ij} - \overline{x}_{i'j'}) \pm t(\phi_E, \alpha)\sqrt{\dfrac{2}{n_e}V_E}$

A_1B_2水準とA_3B_2水準のように、一方の因子Bの水準が等しい($i \neq i', j = j'$)とき、両者の差を取ると、

全体平均$\dfrac{T}{lmr}$とB_j水準の平均$\dfrac{T_{\bullet j}}{lr}$が相殺されます。

そこで、残った項から母平均の差の点推定値を求めると、

$\overline{x}_{ij} - \overline{x}_{i'j} = \dfrac{T_{i\bullet}}{mr} - \dfrac{T_{i'\bullet}}{mr}$　となります。

それぞれの有効反復数が$\dfrac{1}{n_e} = \dfrac{1}{mr}$ですから、

$\overline{x}_{ij} - \overline{x}_{i'j}$の有効反復数は$\dfrac{2}{n_e}$です。

母平均の差の推定の手順

手順❶ 点推定：それぞれの水準組合わせにおける母平均の点推定値の差です。

手順❷ 区間推定：共通項を相殺して、残った項から有効反復数n_eを計算し、

区間幅を$t(\phi_E,\alpha)\sqrt{\frac{2}{n_e}V_E}$として、信頼区間を求めます。

母平均の差の推定の実際

2つの因子とも水準が異なる場合として、最適水準A_2B_2とA_1B_1水準における母平均の差を推定してみます。

手順❶ それぞれの水準組合わせにおける母平均の点推定値を求めます。

$$\hat{\mu}(A_2B_2)=\frac{270}{4}+\frac{390}{6}-\frac{756}{12}=69.5$$

$$\hat{\mu}(A_1B_1)=\frac{244}{4}+\frac{366}{6}-\frac{756}{12}=59.0$$

より母平均の差の点推定値は以下のようになります。

$$\hat{\mu}(A_2B_2)-\hat{\mu}(A_1B_1)=69.5-59.0=10.5$$

手順❷ 全体平均が共通にあるので相殺されて、それぞれの有効反復数は

$$\frac{1}{n_e}=\frac{1}{4}+\frac{1}{6}=\frac{5}{12}$$

です。したがって、信頼率95%での区間推定は、

$$\begin{aligned}(\overline{x}_{22}-\overline{x}_{11})\pm t(\phi_E,\alpha)\sqrt{\frac{2}{n_e}V_E}&=10.5\pm t(8,0.05)\sqrt{2\times\frac{5}{12}\times 6.75}\\&=10.5\pm 2.306\times 2.372\\&=10.5\pm 5.5=5.0,16.0\end{aligned}$$

より信頼区間は5.0から16.0です。

成型温度を120℃として成分Zの量は現行のままにしたときと、成型温度を150℃として成分Zを20%増量したときを比較すると、強度の母平均の差は5.0から16.0となります。

次に、1つの因子の水準が等しい場合として、最適水準A_2B_2とA_2B_1水準における母平均の差を推定してみます。

手順❶　それぞれの水準組合わせにおける母平均の点推定値を求めます。

$$\hat{\mu}(A_2B_2) = \frac{270}{4} + \frac{390}{6} - \frac{756}{12} = 69.5$$

$$\hat{\mu}(A_2B_1) = \frac{270}{4} + \frac{366}{6} - \frac{756}{12} = 65.5$$

より母平均の差の点推定値は、

$$\hat{\mu}(A_2B_2) - \hat{\mu}(A_2B_1) = 69.5 - 65.5 = 4.0$$

手順❷　全体平均とA_2水準の平均が共通にあるので相殺されて、それぞれの有効反復数は$\dfrac{1}{n_e} = \dfrac{1}{6}$です。したがって、信頼率95%での区間推定は、

$$\begin{aligned}(\overline{x}_{22} - \overline{x}_{21}) \pm t(\phi_E, \alpha)\sqrt{\frac{2}{n_e}V_E} &= 4.0 \pm t(8, 0.05)\sqrt{2 \times \frac{1}{6} \times 6.75} \\ &= 4.0 \pm 2.306 \times 1.500 \\ &= 4.0 \pm 3.5 = 0.5, 7.5\end{aligned}$$

より信頼区間は0.5から7.5です。成型温度を150℃にしたとき、成分Zの量を現行のままにしたときと20%増やしたときを比較すると、母平均の差は0.5から7.5の区間に入ります。

最適水準におけるデータの予測

ある条件で新たにデータを取るとき、得られるデータの値を予測します。手順はこれまでと同じです。

最適水準における点予測値は点推定値と同じです。

$$\hat{x}(A_iB_j) = \overline{x}_{ij}$$

予測区間の幅は、母平均の信頼区間のV_E/n_eにV_Eが加わります。

データの予測区間： $\hat{x}(A_iB_j) \pm t(\phi_E, \alpha)\sqrt{(1+\frac{1}{n_e})V_E}$

新たにデータを取るときの値の予測の手順

手順❶ 点予測：点推定値と同じになります。

手順❷ 区間予測：区間幅を$t(\phi_E, \alpha)\sqrt{(1+\frac{1}{n_e})V_E}$として、予測区間を求めます。

最適水準におけるデータの予測の実際

最適水準A_2B_2で新たにデータを取るとき、得られる値を予測します。

手順❶ 点予測値は点推定値と同じになるので、$\hat{x}(A_2B_2) = 69.5$

手順❷ 信頼率95%での予測は

$$\begin{aligned}\hat{x}(A_2B_2) \pm t(\phi_E, \alpha)\sqrt{(1+\frac{1}{n_e})V_E} &= 69.5 \pm t(8, 0.05)\sqrt{(1+\frac{1}{3}) \times 6.75} \\ &= 69.5 \pm 2.306 \times 3.000 \\ &= 69.5 \pm 6.9 = 62.6, 76.4\end{aligned}$$

より予測区間は62.6から76.4です。成型温度を150℃として、成分Zを20%増量したときの成型品の強度は、62.6から76.4となります。

3-18 繰返しのない二元配置実験の分散分析

交互作用が存在しないことがわかっている場合には、繰返しをしなくても2つの因子の要因効果の有無を調べることができます。

繰返しのない二元配置実験

2つの因子の間に交互作用がないと考えられる場合に、繰返しをしない二元配置実験を行うことがあります。

成型温度Aを3つの水準（A_1：120℃, A_2：150℃, A_3：180℃）に設定し、2種類の添加剤（B_1：従来品, B_2：新製品）を用意し、交互作用は存在しないと考えて、各水準組合わせで1回ずつ、合計6回の実験をしました。

繰返しのない二元配置実験のデータ

	B_1	B_2	合計	平均
A_1	58.5	67.5	126.0	63.00
A_2	66.0	64.5	130.5	65.25
A_3	58.5	54.0	112.5	56.25
合計	183.0	186.0	369.0	
平均	61.00	62.0		61.50

データのグラフ化

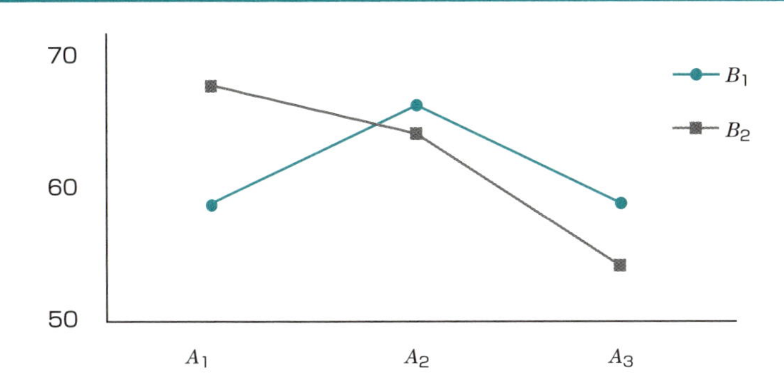

平方和の分解

繰返しのないときには交互作用と誤差が交絡するため、交互作用平方和と誤差平方和を区別できません。交互作用はないとしているので、交互作用に相当するものは誤差と見なします。

実際、要因平方和S_{AB}と総平方和S_Tはまったく同じ式で計算されます。したがって、総平方和は要因Aの平方和、要因Bの平方和、誤差平方和の3つの平方和に分解されます。

$$S_T = S_A + S_B + S_E$$

各平方和と自由度の計算方法はこれまでと同じです。このとき、誤差平方和と誤差自由度は次のようになります。

$$S_E = S_T - S_A - S_B$$
$$\phi_E = \phi_T - \phi_A - \phi_B$$

平方和の自由度

各平方和の自由度は次のようになります。

$$\phi_T = N - 1 = lm - 1 = (\text{総データ数}) - 1$$
$$\phi_A = l - 1 = (A\text{の水準数}) - 1$$
$$\phi_B = m - 1 = (B\text{の水準数}) - 1$$
$$\phi_E = \phi_T - (\phi_A + \phi_B) = (l-1)(m-1)$$

分散分析表

繰返しのない二元配置では、主効果Aと主効果Bの要因効果のみを検定します。そして、P値によって有意かどうかの判定をします。F分布の5%点あるいは1%点を比較することでも判定できます。

繰返しのない二元配置実験の分散分析表

要因	平方和S	自由度ϕ	平均平方V	F_0	P値
A	S_A	ϕ_A	V_A	V_A/V_E	P_A
B	S_B	ϕ_B	V_B	V_B/V_E	P_B
E	S_E	ϕ_E	V_E		
T	S_T	ϕ_T			

繰返しのない二元配置実験の分散分析の実際

繰返しのない成型品の強度のデータを使って、分散分析をしてみましょう。

手順❶ 修正項と2乗和を計算します。各水準における合計をデータ表で求めておきます。

T = 369.0, N = 6 より、$CT = T^2/N = 369^2/6 = 22693.5$

$$\Sigma\Sigma x_{ij}^2 = 58.5^2 + 67.5^2 + \cdots + 54.0^2 = 22833.0$$

手順❷ 平方和を計算します。

$$S_T = \Sigma\Sigma x_{ij}^2 - CT = 22833.0 - 22693.5 = 139.5$$

$$S_A = \frac{126.0^2}{2} + \frac{130.5^2}{2} + \frac{112.5^2}{2} - 22693.5 = 87.75$$

$$S_B = \frac{183.0^2}{3} + \frac{186.0^2}{3} - 22693.5 = 1.50$$

手順❸ 誤差平方和を計算します。

$$S_E = S_T - S_A - S_B = 139.5 - 87.75 - 1.50 = 50.25$$

手順❹から❼ 自由度、平均平方、F_0値、P値を計算します。

以上の結果を分散分析表にまとめます。

分散分析表

要因	平方和S	自由度ϕ	平均平方V	F_0値	P値
A	87.75	2	43.875	1.75	36.4%
B	1.50	1	1.50	0.06	82.9%
E	50.25	2	25.125		
T	139.50	5			

手順❽ 分散分析表より、2つの主効果とも有意とはなりませんでした。F_0値も小さく、要因効果はなさそうです。成型温度も添加剤も強度には影響していないようです。

母平均の推定の実際

どの主効果も有意にはなりませんでしたが、最も強度が高くなった水準組合わせにおいて母平均を推定してみます。

手順❶ データ表から、成型温度はA_2水準のときに最大になり、添加剤の種類はB_2水準のときに最大になります。

手順❷ A_2B_2水準における母平均の点推定値は、

$$\hat{\mu}(A_2B_2) = \widehat{\mu + a_2 + b_2} = \widehat{\mu + a_2} + \widehat{\mu + b_2} - \hat{\mu}$$
$$= (A_2\text{における平均}) + (B_2\text{における平均}) - (\text{全体平均})$$
$$= \frac{130.5}{2} + \frac{186.0}{3} - \frac{369.0}{6} = 65.75$$

手順❸ 有効反復数を求めます。

$$\frac{1}{n_e} = \frac{1}{2} + \frac{1}{3} - \frac{1}{6} = \frac{2}{3} \quad \text{（伊奈の式）}$$

よって、信頼率95%での区間推定は、

$$\hat{\mu}(A_2B_2) \pm t(\phi_E, \alpha)\sqrt{\frac{V_E}{n_e}} = 65.75 \pm t(2, 0.05)\sqrt{\frac{2}{3} \times 25.125}$$
$$= 65.75 \pm 4.303 \times 4.093$$
$$= 65.75 \pm 17.61 = 48.1, 83.4$$

より信頼区間は48.1から83.4です。

成型温度を150℃として新製品の添加剤を用いると、成型品の強度の母平均は48.1から83.4となります。

繰返しをしない二元配置実験では

一般に繰返しがないと実験回数は少なくて済みますが、誤差自由度が小さくなります。

また、交互作用効果があったとしても、交互作用を検出することはできず、誤差に含まれてしまいますから、本当の誤差よりも大きめに推測されることになります。そのためにF検定をしたときの検出力が十分でなくなり、要因効果を検出できないことがあります。

実験を何回か行ってその平均を用いて解析することがありますが、この数値例は、繰返し2回の実験データを、平均値を用いて繰返しのないデータとして解析しています。

本来存在しているはずの交互作用は誤差に含まれてしまうため、誤差分散が大きくなり、要因効果を検出できませんでした。また、信頼区間の幅も大きくなっています。

3-19
多元配置実験の仕組み

3つ以上の因子を取り上げた要因配置実験は多元配置となります。水準組合わせの総数はかなり多くなりますが、一元配置や二元配置と同じ要領で計算できます。

多元配置実験

成型品の強度不足の原因をさらに分析すると、成型温度と成分Zの含有量のほかに添加剤の種類も影響しているのではないか、ということがわかり、そこで、成型温度（A：3水準）と成分Zの量（B：2水準）と添加剤の種類（C：3水準）を設定し、各水準組合わせで2回実験することにしました。このように3つの因子を取り上げた実験を**三元配置実験**といいます。このとき3×2×3×2=36回の実験が必要となります。

3つ以上の因子を取り上げた実験を**多元配置実験**といいます。因子の数が増えると、実験回数は水準数の積となって増えていきます。これらの実験をすべて同じ条件で実施するのは難しくなるので、分割法などによる局所管理が行われることがあります。

実際には、4つ以上の因子を取り上げた多元配置実験が行われることはあまりなく、直交配列表実験を適用することが多いです。

データの構造

3つの因子を同時に取り上げて実験をするときに起こりうる交互作用には、2つの因子間にある2因子交互作用と、3つの因子間にある3因子交互作用があります。

水準A_iと水準B_jと水準C_kの組合わせにおけるl回目のデータをx_{ijkl}とすると、データの構造式は、

$$x_{ijkl} = \mu + a_i + b_j + c_k + (ab)_{ij} + (ac)_{ik} + (bc)_{jk} + (abc)_{ijk} + \varepsilon_{ijkl}$$

となります。

3つの主効果のほかに、3つの2因子交互作用と1つの3因子交互作用がありま

す。繰返しがなければ添え字のlがなくなり、3因子交互作用と誤差が交絡するため、3因子交互作用を区別することはできません。

しかし、3因子以上の交互作用は存在しないことが多く、また、存在したとしても、その意味を考えることは容易ではないため、3因子以上の交互作用は誤差と見なすことがあります。

この考え方に基づくと、多元配置実験では繰返しがなくても、主効果と2因子交互作用は検出することができます。

平方和の計算

主効果と2因子交互作用の平方和はこれまでの計算方法と同じです。3因子による要因平方和S_{ABC}は

$$S_{ABC} = \sum_{i=1}^{l}\sum_{j=1}^{m}\sum_{k=1}^{n}\frac{(A_iB_jC_k\text{水準のデータの合計})^2}{A_iB_jC_k\text{水準のデータ数}} - \frac{T^2}{N}$$

で求められ、3因子交互作用の平方和$S_{A\times B\times C}$は

$$S_{A\times B\times C} = S_{ABC} - (S_A + S_B + S_C + S_{A\times B} + S_{A\times C} + S_{B\times C})$$

となります。3因子交互作用の自由度は、

$$\phi_{A\times B\times C} = \phi_A \times \phi_B \times \phi_C$$

で求められます。

総平方和は、3つの主効果と3つの2因子交互作用と1つの3因子交互作用と誤差に分解されます。

$$S_T = S_A + S_B + S_C + S_{A\times B} + S_{A\times C} + S_{B\times C} + S_{A\times B\times C} + S_E$$

誤差平方和は、総平方和から各要因平方和を引いて、

$$S_E = S_T - (S_A + S_B + S_C + S_{A\times B} + S_{A\times C} + S_{B\times C} + S_{A\times B\times C})$$

で求められます。

繰返しのないとき、3因子交互作用は誤差と交絡するので考えません。このとき、誤差平方和S_Eは次のようになります。

$$S_E = S_T - (S_A + S_B + S_C + S_{A\times B} + S_{A\times C} + S_{B\times C})$$

以上をまとめて分散分析表を作ります。要因効果の有無や最適水準の求め方、母平均の推定やデータの予測などはこれまでと同じです。

平方和の分解

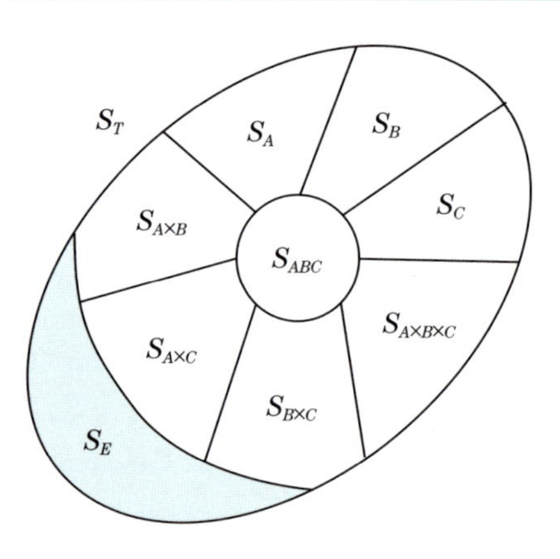

三元配置実験の分散分析表

要因	平方和S	自由度ϕ	平均平方V	F_0値	P値
A	S_A	ϕ_A	V_A	V_A/V_E	P_A
B	S_B	ϕ_B	V_B	V_B/V_E	P_B
C	S_C	ϕ_C	V_C	V_C/V_E	P_C
$A\times B$	$S_{A\times B}$	$\phi_{A\times B}$	$V_{A\times B}$	$V_{A\times B}/V_E$	$P_{A\times B}$
$A\times C$	$S_{A\times C}$	$\phi_{A\times C}$	$V_{A\times C}$	$V_{A\times C}/V_E$	$P_{A\times C}$
$B\times C$	$S_{B\times C}$	$\phi_{B\times C}$	$V_{B\times C}$	$V_{B\times C}/V_E$	$P_{B\times C}$
$A\times B\times C$	$S_{A\times B\times C}$	$\phi_{A\times B\times C}$	$V_{A\times B\times C}$	$V_{A\times B\times C}/V_E$	$P_{A\times B\times C}$
E	S_E	ϕ_E			
T	S_T				

第4章

直交配列表実験

多くの因子を取り上げたときの効率的な実験を計画する直交配列表実験の考え方と解析法を紹介します。2水準因子を扱う2水準系直交配列表実験、3水準因子を扱う3水準系直交配列表実験、さらに、これらを組み合わせた多水準法や擬水準法を取り上げ、実験の組み方、分散分析の方法、要因効果の調べ方、交互作用の考え方を説明します。

4-1

部分配置実験

多くの因子による要因配置実験では実験回数がとても多くなります。このとき、一部の水準組合わせのみで実験する効率的な方法があります。

水準組合わせの数と必要な実験回数

たくさんの因子を取り上げた要因配置実験では、実験回数がかなり多くなってしまいます。例えば、5つの因子（A, B, C, D, F）を取り上げたときに考えられる要因効果には、5つの主効果のほかに2因子交互作用が10種類あります。

さらに交互作用には、3つの因子に関わるものから5つすべての因子に関わるものまで考えられ、誤差と合わせて32種類になります。

各因子を2水準に取ったときでも、水準組合わせは2^5=32通りとなり、繰返し2回とすると、64回の実験が必要になります。もし、各因子を3水準に取ったなら、実験回数は$3^5 \times 2$=486回となり、とても実験できるような回数ではありません。

32の要因効果

要因	個数	要因の種類
誤差	1	
主効果	5	A, B, C, D, F
2因子交互作用	10	$A\times B, A\times C, A\times D, A\times F, B\times C, B\times D, B\times F, C\times D, C\times F, D\times F$
3因子交互作用	10	$A\times B\times C, A\times B\times D, A\times B\times F, A\times C\times D, A\times C\times F, A\times D\times F, B\times C\times D, B\times C\times F, B\times D\times F, C\times D\times F$
4因子交互作用	5	$A\times B\times C\times D, A\times B\times C\times F, A\times B\times D\times F, A\times C\times D\times F, B\times C\times D\times F$
5因子交互作用	1	$A\times B\times C\times D\times F$

交互作用は全部必要か

要因配置実験では、取り上げた因子の効果を検出するのはもちろん、効果がありそうな因子を取り上げて、それらの効果の大きさを調べることが主な目的です。

これに対して、多くの因子を取り上げる実験では、効果があるかどうかわからない因子に対して、それらの効果の有無を調べることを目的としています。

取り上げる因子が増えると、それらの間に存在する交互作用の数は増えますが、3因子以上の交互作用は実際の意味付けも難しく、また存在することもあまりありません。そのため、通常は2因子交互作用までを取り上げます。

部分配置実験

すべての水準組合わせを実験するのではなく、一部の水準組合わせを実験するのが**部分配置実験**です。このとき、取り上げた要因効果が検出できるように、どの水準組合わせで実験をするかを決めることが重要となります。

例えば、A,B,Cの3つの因子にそれぞれ3つの水準を設定して実験するとき、全部で27通りの水準組合わせがあります。図の27個の立方体がそれぞれの水準組合わせを表しています。

すべての組合わせについて実験するのが**要因配置実験**で、色の付いている9個の立方体だけを実施するのが部分配置実験です。どの方向から見ても9個の正方形には色が付いているので、3つの主効果を調べることができます。

実験を行う水準組合わせを決めるときに直交配列表が用いられます。2水準因子のための2水準系直交配列表や、3水準因子のための3水準系直交配列表が用意されています。

部分配置の仕組み

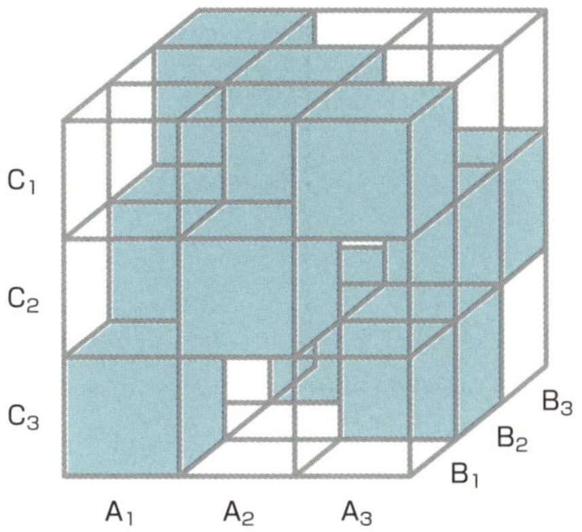

4-2

要因効果の仕組み

要因効果は、水準間の違いが誤差に比べて大きいかどうかで判断されます。まずは各要因に対して水準間の違いを計算できるように実験をする必要があります。

水準組合わせとデータの構造

まず、主効果のみを取り上げる場合を考えてみましょう。いま、4つの2水準因子(a, b, c, d)があるとします。これらの水準組合わせは全部で2^4=16通りあります。

例えば、No.3の実験では(A_1, B_1, C_2, D_1)の水準組合わせで実験します。

すべての水準組合わせ

No.	A	B	C	D
1	1	1	1	1
2	1	1	1	2
3	1	1	2	1
4	1	2	1	1
5	2	1	1	1
6	1	1	2	2
7	1	2	1	2
8	1	2	2	1
9	2	1	1	2
10	2	1	2	1
11	2	2	1	1
12	1	2	2	2
13	2	1	2	2
14	2	2	1	2
15	2	2	2	1
16	2	2	2	2

因子Aの水準効果をa_1, a_2で表すと、A_1水準のときは全体平均からa_1だけ大きくなり、A_2水準のときは全体平均からa_2だけ大きくなると考えます。ここで、$a_1+a_2=$ゼロという関係があります。他の要因についても同様に考えると、No.3の水準組合わせ(A_1, B_1, C_2, D_1)における水準効果は$\mu+a_1+b_1+c_2+d_1$と表せます。

要因効果の現れ方

A_1水準のときの実験は、No.1、2、3、4、6、7、8、12の8回あります。この8回にはB_1水準とB_2水準は4回ずつ含まれています。b_1+b_2＝ゼロですから、8個のデータを合計すると、要因Bの水準効果は相殺されます。

要因CとDについても同様で、8個のデータを合計すると、要因B, C, Dの水準効果は相殺されます。つまり、A_1水準およびA_2水準における合計を計算すると、

$$T_{A1} = 8\mu + 8a_1 \qquad T_{A2} = 8\mu + 8a_2$$

となります。これらの差を取ると、

$$T_{A1} - T_{A2} = 8(a_1 - a_2)$$

となるので、要因Aの水準効果だけが現れます。要因B, C, Dについても、水準間でデータの合計の差を取ると、その要因の水準効果しか現れません。

一部の水準組合わせでの実験

16回の実験の中から、No.1、3、7、9、11、12、13、15の8回を取り出してみます。A,B,C,Dのいずれの因子でも第1水準と第2水準は各々4回ずつあります。そのうち、A_1水準のときの4回の実験では、B_1水準とB_2水準は2回ずつあるので、4個のデータを合計すると要因Bの水準効果は相殺されます。

どの因子のどの水準に対しても、他の因子の水準効果はすべて相殺されており、その因子の要因効果だけが現れています。つまり、16回の実験をしなくても、この8回の実験だけでも、要因効果を調べることができるのです。

要因効果を見付けるための基本

・同じ条件で繰り返し実験をする。 ➡ 誤差を検出する。
・どの水準でも同じ回数の実験をする。 ➡ 主効果を検出する。
・どの水準組合わせでも同じ回数の実験をする。 ➡ 要因を交絡させない。

4-3

2水準系直交配列表

実験を行う水準組合わせを決めるときに用いられるのが直交配列表です。まず、2水準因子に対する直交配列表とその仕組みを説明します。

要因効果の交絡

8回の実験を選ぶとき、どれを選んでもいいわけではありません。

例えば、No.13、15の代わりにNo.10、16を選んだとしましょう。

いずれの因子でも各水準で4回ずつの実験をしているのですが、B_1水準のときの4回の実験では、D_1水準が3回とD_2水準が1回です。

4個のデータを合計しても要因Dの水準効果が相殺されないため、要因Bの水準効果と要因Dの水準効果を分離できません。このことを「要因Bと要因Dが交絡する」といいます。

よくない実験の選び方

No.	A	B	C	D
1	1	1	1	1
3	1	1	2	1
7	1	2	1	2
9	2	1	1	2
11	2	2	1	1
12	1	2	2	2
10	2	1	2	1
16	2	2	2	2

直交配列表の仕組み

一部の水準組合わせについてのみ実験を行う場合、他の要因効果が相殺されるように水準組合わせを決めれば、要因効果を交絡しないようにできます。

2水準因子の場合、任意の2つの因子の水準組合わせを見たとき、(1, 1)、(1, 2)、(2, 1)、(2, 2) の4通りの組合わせが同じ回数現れるようにします。この性質を満たすような組合わせを表にしたものが**直交配列表**です。2水準因子に対して作られた表を**2水準系直交配列表**といいます。

$L_8(2^7)$ 直交配列表

No.	[1]	[2]	[3]	[4]	[5]	[6]	[7]
1	1	1	1	1	1	1	1
2	1	1	1	2	2	2	2
3	1	2	2	1	1	2	2
4	1	2	2	2	2	1	1
5	2	1	2	1	2	1	2
6	2	1	2	2	1	2	1
7	2	2	1	1	2	2	1
8	2	2	1	2	1	1	2
成分	a	b	a b	c	a c	b c	a b c

この表には7つの列がありますが、どの2つの列を見ても4つの水準組合わせ (1, 1)、(1, 2)、(2, 1)、(2, 2) は同じ回数だけ現れています。

8通りの水準組合わせで7つの要因を表すことができるということで、この表を $L_8(2^7)$ 直交配列表と呼びます。成分とは列の性質を表す記号で、交互作用を考えるときに使われます。

8回の実験では最大で7つまでの要因が交絡しないような水準組合わせを見付けることができます。

取り上げる交互作用

４つの因子による実験では主効果は４つですが、２因子交互作用をすべて取り上げると6つあるので全部で10個の要因を考える必要があります。このとき、$L_8(2^7)$ 直交配列表では列の数が足りません。

２因子交互作用でも、技術的に見て交互作用があるとは考えられない因子同士では、交互作用を取り上げません。交互作用があると思われるものだけを取り上げるようにすると、検出しないといけない要因効果の数はさらに減ります。もし、6つの２因子交互作用のうちで２つの交互作用だけを取り上げるなら、要因効果は6つとなりますから、$L_8(2^7)$ でも実験できることになります。

直交配列表実験では、すべての交互作用の効果を調べるのではなく、取り上げた交互作用だけの効果を検出します。適切に交互作用を取り上げることで、要因配置実験に比べて実験回数を大幅に減らすことができ、より効率的な実験を計画することができます。

大きな直交配列表

もっと多くの要因を取り上げるには、さらに大きな直交配列表が必要になります。このとき、どの２つの列でも（1, 1）、（1, 2）、（2, 1）、（2, 2）の組合わせが同じ回数現れるには、16通り、32通り、64通りのように、２倍ずつ大きくしなければなりません。

$L_8(2^7)$ の次に大きな直交配列表は $L_{16}(2^{15})$ で、16通りの水準組合わせで15個の要因を交絡しないように表すことができます。

例えば、第[1]列の第１水準における実験はNo.1～8ですが、この8回にはその他のいずれの列でも第１水準と第２水準は４回現れており、第[1]列の第１水準の合計を取ると、他の列の割り付けられた要因効果は相殺されます。

$L_{16}(2^{15})$ 直交配列表

No.	[1]	[2]	[3]	[4]	[5]	[6]	[7]	[8]	[9]	[10]	[11]	[12]	[13]	[14]	[15]
1	1	1	1	1	1	1	1	1	1	1	1	1	1	1	1
2	1	1	1	1	1	1	1	2	2	2	2	2	2	2	2
3	1	1	1	2	2	2	2	1	1	1	1	2	2	2	2
4	1	1	1	2	2	2	2	2	2	2	2	1	1	1	1
5	1	2	2	1	1	2	2	1	1	2	2	1	1	2	2
6	1	2	2	1	1	2	2	2	2	1	1	2	2	1	1
7	1	2	2	2	2	1	1	1	1	2	2	2	2	1	1
8	1	2	2	2	2	1	1	2	2	1	1	1	1	2	2
9	2	1	2	1	2	1	2	1	2	1	2	1	2	1	2
10	2	1	2	1	2	1	2	2	1	2	1	2	1	2	1
11	2	1	2	2	1	2	1	1	2	1	2	2	1	2	1
12	2	1	2	2	1	2	1	2	1	2	1	1	2	1	2
13	2	2	1	1	2	2	1	1	2	2	1	1	2	2	1
14	2	2	1	1	2	2	1	2	1	1	2	2	1	1	2
15	2	2	1	2	1	1	2	1	2	2	1	2	1	1	2
16	2	2	1	2	1	1	2	2	1	1	2	1	2	2	1
成分	a	b	a b	c	a c	b c	a b c	d	a d	b d	a b d	c d	a c d	b c d	a b c d

4-4

主効果と交互作用の割付け

どの水準組合わせで実験するのかは、直交配列表に主効果や交互作用を割り付けることで決めます。そのときに、要因効果が交絡しないようにすることが必要です。

主効果の割付け

$L_8(2^7)$ を用いて実験を計画するとき、8通りの水準組合わせは取り上げた因子を7つの列のどこかに割り付けて決めます。交互作用を考えないときには、どの列にどの因子を割り付けてもかまいません。

例えば、4つの2水準因子（A, B, C, D）を取り上げるとき、Aを第[3]列、Bを第[5]列、Cを第[2]列、Dを第[6]列に割り付けたとしましょう。

8通りの水準組合わせは表のようになります。No.3の実験では、$A_2B_1C_2D_2$の水準組合わせで実験をします。

4つの因子の7つの列への割り付け方は何通りもあります。どのように割り付けるかによって、実験する8通りの水準組合わせが変わります。

主効果の割付け

No.	[1]	[2] C	[3] A	[4]	[5] B	[6] D	[7]	水準組合わせ
1	1	1	1	1	1	1	1	$A_1B_1C_1D_1$
2	1	1	1	2	2	2	2	$A_1B_2C_1D_2$
3	1	2	2	1	1	2	2	$A_2B_1C_2D_2$
4	1	2	2	2	2	1	1	$A_2B_2C_2D_1$
5	2	1	2	1	2	1	2	$A_2B_2C_1D_1$
6	2	1	2	2	1	2	1	$A_2B_1C_1D_2$
7	2	2	1	1	2	2	1	$A_1B_2C_2D_2$
8	2	2	1	2	1	1	2	$A_1B_1C_2D_1$

交互作用の割付け

因子Aと因子Bの間の交互作用効果は$(ab)_{11}$, $(ab)_{12}$, $(ab)_{21}$, $(ab)_{22}$で表されます。A_1水準において、B_1水準のときには全体平均から$(ab)_{11}$だけ大きくなり、B_2水準のときには全体平均から$(ab)_{12}$だけ大きくなり、$(ab)_{11}+(ab)_{12}=0$という関係があります。

他の水準についても、$(ab)_{21}+(ab)_{22}=0$，$(ab)_{11}+(ab)_{21}=0$, $(ab)_{12}+(ab)_{22}=0$です。この結果、$(ab)_{11}=(ab)_{22}$, $(ab)_{12}=(ab)_{21}$となります。これらの値の違い、つまり、水準{(1, 1)，(2, 2)}のときと、水準{(1, 2)，(2, 1)}のときの差に交互作用効果が現れます。

Aを第[3]列、Bを第[5]列に割り付けたとき、第[6]列に注目すると、A_1B_1とA_2B_2の組合わせのときは水準1、A_1B_2とA_2B_1の組合わせのときは水準2となっています。このことはAとBの交互作用が第[6]列に現れることを示しています。

交互作用の交絡

交互作用が現れる列に他の要因を割り付けると、これらが**交絡**します。いま、交互作用$A \times B$は第[6]列に現れますが、因子Dを第[6]列に割り付けています。

したがって、第[6]列に現れる要因効果は、因子Dの主効果なのか、交互作用$A \times B$の効果なのかを区別できません。もし、交互作用$A \times B$を取り上げるのであれば、因子Dは第[6]列に割り付けてはいけません。

交互作用$A \times C$も取り上げるなら、因子Cと交互作用$A \times C$も他の要因と交絡しないように、因子Cを割り付ける必要があります。ここでは因子Cを第[2]列に割り付けると、交互作用$A \times C$は第[1]列に現れますから、他の要因とは交絡しません。

因子Dには交互作用がないので、残りのどの列に割り付けてもかまいません。因子Dを第[7]列に割り付けると、第[4]列には何も割り付けられていません。何も割り付けられていない列が誤差を表します。このとき、次の8通りの実験で4つの主効果と2つの交互作用を調べることができます。

交互作用の割付け

No.	[1] $A\times C$	[2] C	[3] A	[4] 誤差	[5] B	[6] $A\times B$	[7] D	水準組合わせ
1	1	1	1	1	1	1	1	$A_1B_1C_1D_1$
2	1	1	1	2	2	2	2	$A_1B_2C_1D_2$
3	1	2	2	1	1	2	2	$A_2B_1C_2D_2$
4	1	2	2	2	2	1	1	$A_2B_2C_2D_1$
5	2	1	2	1	2	1	2	$A_2B_2C_1D_2$
6	2	1	2	2	1	2	1	$A_2B_1C_1D_1$
7	2	2	1	1	2	2	1	$A_1B_2C_2D_1$
8	2	2	1	2	1	1	2	$A_1B_1C_2D_2$

4-5 要因割付けの方法

多くの因子や交互作用を他の要因と交絡しないように割り付けるには、成分を用いる方法と線点図を用いる方法があります。

成分による見付け方

直交配列表の成分表示を使って、交互作用の現れる列を見付けることができます。成分pの列と成分qの列の交互作用は成分pqの列に現れます。このとき、2水準系ですから、$a^2=b^2=c^2=1$として計算します。

例えば、$L_8(2^7)$では、第[3]列：abと第[5]列：acの交互作用は、

$$ab \times ac = a^2bc = bc \rightarrow \text{第[6]列}$$

より第[6]列に現れます。

$L_{16}(2^{15})$では、第[7]列：abcと第[12]列：cdの交互作用は、

$$abc \times cd = abc^2d = abd \rightarrow \text{第[11]列}$$

より第[11]列に現れます。

主効果を割り付けたあとで、交互作用の現れる列を求め、これらが他の要因と交絡していなければ、要因の割付けができたことになります。交絡していれば、主効果を他の列に移すなどして交絡しない割付けを見付けます。

線点図による見付け方

実験で取り上げる因子について、主効果を点で、交互作用をそれらを結ぶ線で表現したのが**線点図**です。直交配列表には、主効果と交互作用の現れる列の関係を線と点で図示した線点図があらかじめ用意されています。

実験に必要な線点図と同じ構造を用意された線点図に見付けることができれば、対応する列に要因を割り付けることができます。

4つの2水準因子A、B、C、Dを取り上げるとき、4つの主効果と2つの交互作用$A \times B$、$B \times C$を割り付けてみます。6つの要因効果と誤差を割り付けるには7列以上が必要となるので、$L_8(2^7)$ 直交配列表を用います。

まず、必要となる線点図を求めます。交互作用のあるAとB、BとCは線分で結びます。用意された線点図の中から適当なものを選び、必要な線点図を当てはめます。

この結果、因子Aは第[2]列、因子Bは第[1]列、因子Cは第[4]列、因子Dは第[7]列に割り付けられ、交互作用$A \times B$は第[3]列、$B \times C$は第[5]列に現れます。何も割り付けられていない第[6]列が誤差になります。

線点図による割付け

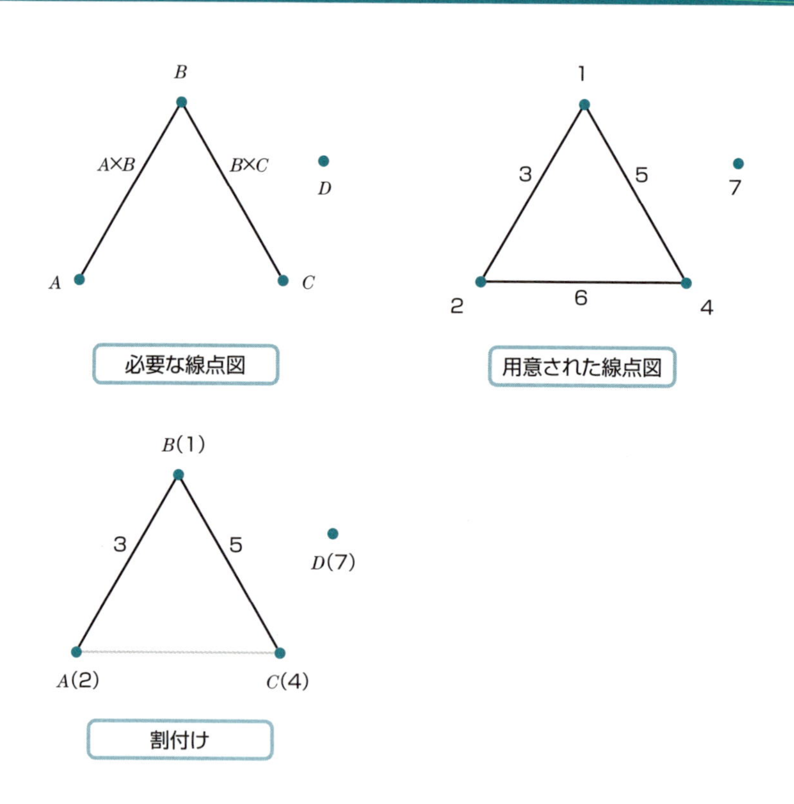

L_{16}への割付けの例

もう少し複雑な例として、5つの主効果A、B、C、D、Fと6つの交互作用$A \times B$、$A \times C$、$A \times D$、$B \times C$、$B \times D$、$D \times F$を取り上げる実験で、要因割付けをしてみましょう。

11の要因効果と誤差を割り付けるには12列以上が必要となるので、$L_{16}(2^{15})$直交配列表を用います。必要な線点図を作り、用意された線点図に当てはめます。

この結果、因子Aは第[1]列、因子Bは第[4]列、因子Cは第[2]列、因子Dは第[8]列、因子Fは第[15]列に割り付けられ、交互作用$A \times B$は第[5]列、$A \times C$は第[3]列、$A \times D$は第[9]列、$B \times C$は第[6]列、$B \times D$は第[12]列、$D \times F$は第[7]列に現れます。

何も割り付けられていない第[10]列、第[11]列、第[13]列と第[14]列が誤差になります。

線点図による割付け

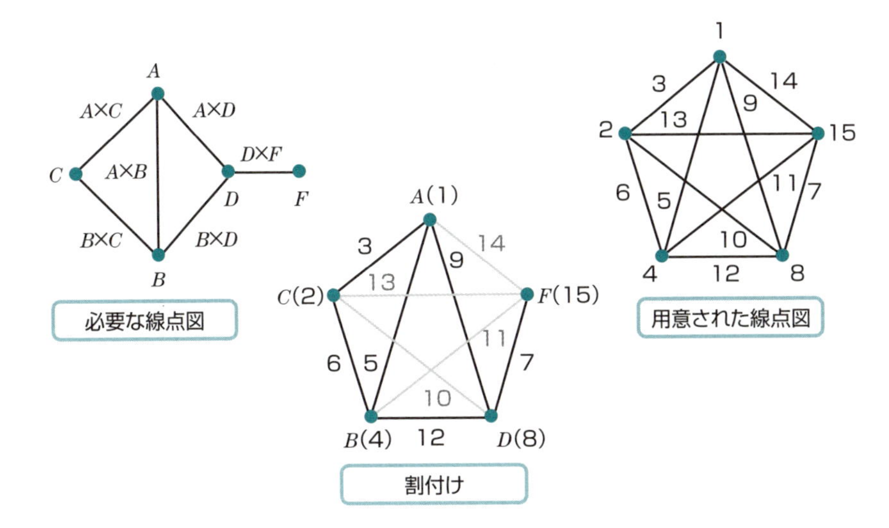

$L_8(2^7)$直交配列表と$L_{16}(2^{15})$直交配列表に用意されている線点図を次に示しておきます。

$L_8(2^7)$ 直交配列表の線点図

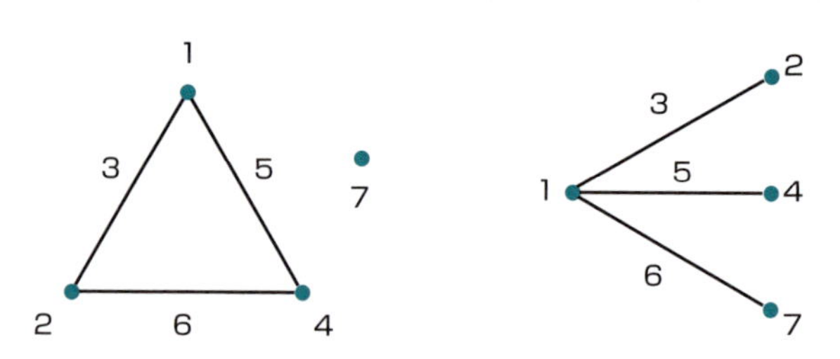

$L_{16}(2^{15})$ 直交配列表の線点図

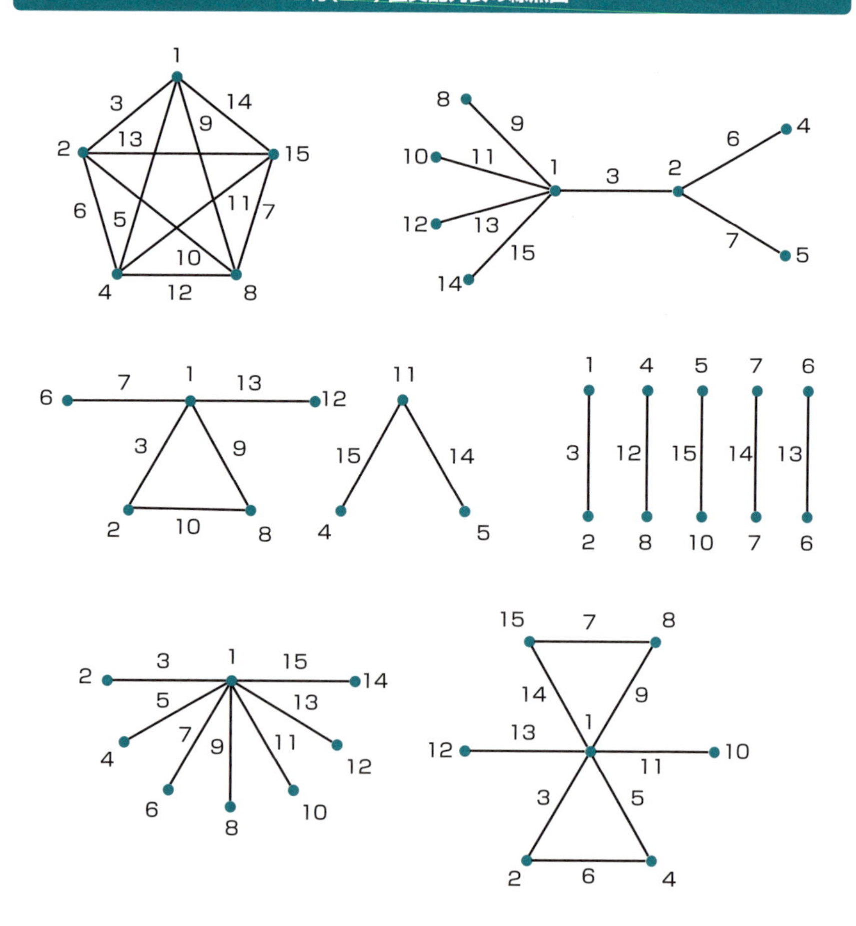

4-6 直交配列表実験の流れ

直交配列表を用いて実験を計画し、得られたデータを解析する分散分析法の流れをまとめておきます。

手順❶　実験の計画

手順❶－1　取り上げる因子と交互作用を決めます。

手順❶－2　適切な直交配列表を選び、要因を割り付けます。実験を行う水準組合わせが決まります。

手順❷　実験の実施とデータのグラフ化

手順❷－1　得られた水準組合わせで実験を行い、データを取ります。実験No.の順にするのではなく、実験の順序はランダムに決めなければなりません。

手順❷－2　データを整理して、分散分析やグラフ化に必要な情報をまとめておきます。

手順❷－3　得られたデータをグラフ化して、要因効果の概略を見ます。

手順❸　分散分析

手順❸－1　各要因の平方和と自由度を求めます。

手順❸－2　分散分析表にまとめ、要因効果の有無を検定します。

手順❸－3　要因効果がないと判断された要因は誤差にプーリングします。分散分析の結果から、要因効果のあった要因を求めます。

手順❹　最適水準における母平均の推定

手順❹－1　最適な水準組合わせを求めます。

手順❹－2　最適水準における母平均を推定します。

手順❹－3　２つの水準の母平均の差を推定します。

手順❹－4　最適水準において新たにデータを取るときの値を予測します。

4-7

２水準系実験の計画とグラフ化

分散分析を行って各要因効果の有無を調べます。このとき、効果がないと考えられる要因は誤差にプーリングします。

花子さんの服装チェック

花子さんは帽子、メガネ、スカーフ、コートを２種類ずつ持っています。太郎さんとのデートに何を着て行こうか迷っています。組合わせは全部で16通りあります。何通りか着てみて、似合っているかどうかをお母さんに評価してもらうことにしました。でも、お母さんも忙しいので、16通りを全部見てもらうことはできません。「8通りなら見てあげるわ」ということになり、花子さんはどの8通りを着るか、また悩み始めてしまいました。

手順❶　実験の計画

手順❶－1　取り上げる因子と交互作用

帽子 (A_1, A_2)、メガネ (B_1, B_2)、スカーフ (C_1, C_2)、コート (D_1, D_2) が2種類ずつあり、どちらを着ていくかを決めます。このとき、「メガネが特徴的なので、メガネをどちらにするかで帽子やスカーフの見栄えが変わってくる」と花子さんは考えています。そこで、メガネと帽子、メガネとスカーフの組合わせ効果も確かめることにしました。

4つの因子（帽子A、メガネB、スカーフC、コートD）と2つの交互作用$A \times B$, $B \times C$を取り上げて、どの組合わせにするのが最もよいかを調べます。まず、どの8通りを着てみるかを決めなければなりません。

手順❶－2　要因の割付け

4つの主効果A, B, C, Dと2つの交互作用$A \times B$, $B \times C$を、4-5節の例のように、$L_8(2^7)$ 直交配列表に割り付けます。帽子Aを第[2]列、メガネBを第[1]列、スカーフCを第[4]列、コートDを第[7]列に割り付け、8通りの組合わせが決まりました。交互作用A×Bは第[3]列、交互作用B×Cは第[5]列に現れます。

手順❷　実験の実施とデータのグラフ化

手順❷－1　実験の実施

花子さんは8通りで試着して、お母さんに採点をしてもらいました。試着する順序はランダムにします。最初のほうは採点が甘いとか最後のほうは採点が辛いとかの傾向があるかもしれないからです。8通りの水準組合わせとそのときに得られた採点結果を表に示しておきます。

8通りの水準組合わせと採点結果

No.	[1] B	[2] A	[3] $A \times B$	[4] C	[5] $B \times C$	[6]	[7] D	水準組合わせ	採点結果
1	1	1	1	1	1	1	1	$A_1B_1C_1D_1$	8
2	1	1	1	2	2	2	2	$A_1B_1C_2D_2$	18
3	1	2	2	1	1	2	2	$A_2B_1C_1D_2$	20
4	1	2	2	2	2	1	1	$A_2B_1C_2D_1$	14
5	2	1	2	1	2	1	2	$A_1B_2C_1D_2$	28
6	2	1	2	2	1	2	1	$A_1B_2C_2D_1$	25
7	2	2	1	1	2	2	1	$A_2B_2C_1D_1$	12
8	2	2	1	2	1	1	2	$A_2B_2C_2D_2$	21

手順❷－2　データの整理

データをグラフ化するにあたって、各列において水準ごとの合計と平均を求めておきます。この値は要因平方和を計算するときにも使います。

データ表

No.	[1]	[2]	[3]	[4]	[5]	[6]	[7]
第１水準の合計	60	79	59	68	74	71	59
平均	15.00	19.75	14.75	17.00	18.50	17.75	14.75
第２水準の合計	86	67	87	78	72	75	87
平均	21.50	16.75	21.75	19.50	18.00	18.75	21.75

交互作用のために各組合わせにおける合計や平均を求めた二元表も用意します。

二元表

▼ AB 二元表

	B_1	B_2
A_1	8+18=26 平均13.0	28+25=53 平均26.5
A_2	20+14=34 平均17.0	12+21=33 平均16.5

▼ BC 二元表

	C_1	C_2
B_1	8+20=28 平均14.0	18+14=32 平均16.0
B_2	28+12=40 平均20.0	25+21=46 平均23.0

手順❷－3　データのグラフ化

データのグラフ

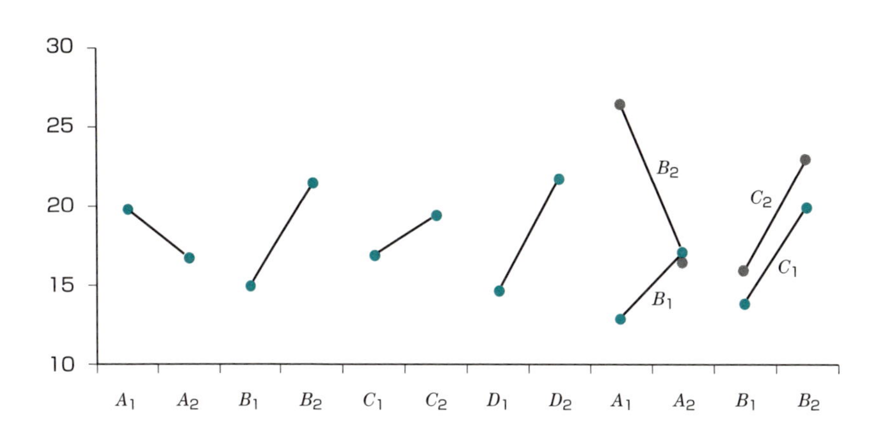

グラフより、主効果A、B、C、Dと交互作用$A \times B$の効果がありそうですが、交互作用$B \times C$の効果は判然としません。つまり、帽子、メガネ、スカーフ、コートは、いずれもどちらを選ぶかで見栄えが変わりそうです。

また、帽子とメガネには組合わせの効果もありそうです。しかし、メガネとスカーフには組合わせ効果はなさそうです。

4-8

2水準系直交配列表実験の分散分析

2水準系直交配列表実験において、分散分析を行って各要因効果の有無を調べます。このとき、効果がないと考えられる要因は誤差にプーリングします。

列平方和と要因平方和

各列の平方和は2水準の一元配置法における平方和と同じ式で計算できます。第[k]列における第1水準の合計と第2水準の合計を$T_{[k]1}$, $T_{[k]2}$とすると、第[k]列の平方和は次の式で計算できます。

$$S_{[k]} = \frac{T_{[k]1}^2}{N/2} + \frac{T_{[k]2}^2}{N/2} - \frac{T^2}{N} = \frac{(T_{[k]1} - T_{[k]2})^2}{N}$$

各列で第1水準と第2水準の合計の差の2乗を総データ数$N = 8$で割ります。合計をまとめた表に追加して列平方和を計算します。

手順❸　分散分析

手順❸－1　要因の平方和と自由度

7つの列の列平方和を計算します。要因平方和は、その要因が割り付けられた列の列平方和です。

列平方和の計算

No.	[1] B	[2] A	[3] $A\times B$	[4] C	[5] $B\times C$	[6] E	[7] D
第1水準の和	60	79	59	68	74	71	59
第2水準の和	86	67	87	78	72	75	87
差	−26	12	−28	−10	2	−4	−28
$S[k]$	84.5	18.0	98.0	12.5	0.5	2.0	98.0

$$S_A = S_{[2]} = 18.0 \qquad S_B = S_{[1]} = 84.5 \qquad S_C = S_{[4]} = 12.5$$

$$S_D = S_{[7]} = 98.0 \qquad S_{A\times B} = S_{[3]} = 98.0 \qquad S_{B\times C} = S_{[5]} = 0.5$$

何も割り付けられなかった列の平方和の合計が誤差平方和です。

$$S_E = S_{[6]} = 2.0$$

各列の水準数は2ですから列自由度は1となり、各要因の自由度は1です。
誤差自由度は誤差列の列自由度の和となります。

分散分析

平方和と自由度が求まると、平均平方やF_0値、P値を求めて分散分析表にまとめ、要因効果の有無を検定します。P値はF_0値が有意となる確率で、この確率が5%以下なら5%有意、1%以下なら1%有意と判定できます。有意でないときでも確率の大きさを見て、効果の程度を考えることができます。

手順❸－2　分散分析表

花子さんの服装を採点した結果から、次の分散分析表が得られます。

分散分析表

要因	平方和S	自由度ϕ	平均平方V	F_0値	P値
帽子A	18.0	1	18.0	9.00	20.5%
メガネB	84.5	1	84.5	42.25	9.7%
スカーフC	12.5	1	12.5	6.25	24.2%
コートD	98.0	1	98.0	49.00	9.0%
$A \times B$	98.0	1	98.0	49.00	9.0%
$B \times C$	0.5	1	0.5	0.25	70.5%
E（誤差）	2.0	1	2.0		
T（合計）	313.5	7			

どの要因も5%有意とはなりませんので、要因効果があるといえる要因はありませんでした。要因効果がないのであれば、どの服装にしても差はありません。

しかし、要因効果があるといえないときに、要因効果がないといえるわけではありません。直交配列表実験ではたくさんの要因を同時に検定しています。そのとき、プーリングの考え方が特に大切になります。

プーリング

取り上げた要因でも効果がないと判断できるものは誤差にプーリングします。そのときの目安は二元配置のときと同じですが、直交配列表実験では主効果でもプーリングの対象とします。

ただ、誤差自由度が小さいときには、要因効果はなかなか検出できませんし、有意でないからといって効果がないというものでもありません。有意確率P値が約20%以内かF_0値が2以上であれば、プーリングしないと判断することもあります。

F_0値が小さくてプーリングの対象となる場合でも、他の因子との交互作用が存在するときには、その主効果はプーリングしません。プーリングをすると、その要因効果は誤差であると見なすことになりますから、その因子の水準を設定することに意味がなくなります。

しかし、交互作用があるときには、最適な水準組合わせを決める際に、それぞれの因子の水準を設定することになるため、対応する主効果はプーリングしないで残します。

プーリングの目安

1 有意確率P値が約20%以上かF_0値が2以下のものはプーリングする。
2 誤差自由度が小さいときは基準を緩める。
3 交互作用をプーリングしないときには対応する主効果はプーリングしない。

分散分析表の作り直し

プーリングの対象となる要因が見付かったら、それらを誤差にプーリングして分散分析表を作り直します。プーリングは誤差分散をより正確に推測するために行うもので、ここで得られた誤差分散の値が、母平均の推定などに用いられます。

なお、プーリングは一度しかしません。再び、プーリングの対象となる要因が出てきたとしても、2回目のプーリングはしません。

手順❸－3　プーリング後の分散分析表

分散分析の結果からは、どの要因も5%有意ではありませんが、誤差自由度は1しかありませんから、検出力はそれほど高くはありません。そこで、メガネとスカーフの交互作用$B \times C$はF_0値が小さく、P値も大きいので誤差にプーリングすることにします。

４つの主効果である帽子A、メガネB、スカーフC、コートDと帽子とメガネの交互作用$A \times B$はF_0値が小さくなく、P値も20%前後までなので残します。主効果Aは有意ではなくても、交互作用$A \times B$があるため、プーリングすることはありません。

プーリング後に分散分析表を作成し直します。交互作用$B \times C$の割り付けられていた第[5]列は誤差と見なされます。新しい分散分析表を次に示します。

プーリング後の分散分析表

要因	平方和S	自由度ϕ	平均平方V	F_0値	P値
帽子A	18.0	1	18.0	14.4	6.3%
メガネB	84.5	1	84.5	67.6*	1.4%
スカーフC	12.5	1	12.5	10.0	8.7%
コートD	98.0	1	98.0	78.4*	1.3%
$A \times B$	98.0	1	98.0	78.4*	1.3%
E（誤差）	2.5	2	1.25		
T（合計）	313.5	7			

分散分析の結果、主効果BとDと交互作用$A \times B$は有意となりました。

有意でなかった主効果AとCでも、F_0値は10以上もあり、要因効果がないとはいえないので、残します。帽子A、メガネB、スカーフC、コートDはいずれも見栄えに影響していることがわかりました。

最適水準を決めたり、そのときの母平均を推定したりするときには、分散分析の結果で残った要因を用います。この場合、４つの主効果である帽子A、メガネB、スカーフC、コートDと帽子とメガネの交互作用$A \times B$を用いて解析を進めます。

4-9

最適水準における推定と予測

最適となる水準を見付け、そこでの母平均を推定したり、新たにデータを取ったときの値を予測したりします。ここでは二元配置実験における考え方が使われます。

データの構造式と最適水準

最も特性が高くなるときの水準が**最適水準**です。交互作用がない因子は単独で最適水準を決めることができます。しかし、2つの因子間に交互作用があれば、それらの2つの因子は組合わせで考えなければなりません。

最適水準を求めるには、分散分析の結果から得られたデータの構造式を**交互作用**に基づいて分解します。4つの主効果と1つの交互作用がありますから、データの構造は、全体平均にそれぞれの水準効果を加えたものになります。

$$\hat{\mu}(ABCD) = \widehat{\mu + a + b + c + d + (ab)}$$

これを交互作用に基づいて分解します。AとBには交互作用があるので、交互作用$A \times B$と主効果A, Bを一括りにして、因子ABにおける母平均を

$$\widehat{\mu + a + b + (ab)}$$

とします。CとDには他の因子との交互作用はないので、因子Cにおける母平均は$\widehat{\mu + c}$、因子Dにおける母平均は$\widehat{\mu + d}$と単独で表します。

これらを足すと全体平均のμが3回加算されるので、μを2回引きます。

したがって、データの構造式が次のように分解されます。

$$\begin{aligned}\hat{\mu}(ABCD) &= \widehat{\mu + a + b + (ab)} + \widehat{\mu + c} + \widehat{\mu + d} - 2 \times \hat{\mu} \\ &= (AB\text{の平均}) + (C\text{の平均}) + (D\text{の平均}) - 2 \times (\text{全体平均}) \\ &= \frac{AB\text{水準の合計}}{2} + \frac{C\text{水準の合計}}{4} + \frac{D\text{水準の合計}}{4} - 2 \times \frac{\text{総計}}{8}\end{aligned}$$

因子AとBが最大となる水準組合わせはAB二元表から選びます。因子CとDはそれぞれで大きくなる水準を選びます。

▶▶ 最適水準における母平均の点推定

最適水準における母平均の点推定値は、最適水準を求めるために展開したデータの構造式に基づいて計算します。

区間推定に用いる誤差分散 V_E と誤差自由度 ϕ_E は分散分析表の値を用います。プーリングを行った場合は、プーリング後の分散分析表を用います。また、有効反復数 n_e は、伊奈の式または田口の式で計算します。

このとき、母平均の信頼区間は次のようになります。

$$母平均の信頼区間：\hat{\mu}(ABCD) \pm t(\phi_E, \alpha)\sqrt{\frac{V_E}{n_e}}$$

手順❹ 最適水準における母平均の推定

手順❹－1 最適水準の決定

因子 A と B は AB 二元表より A_1B_2 水準、因子 C は C_2 水準、因子 D は D_2 水準が選ばれます。したがって、最適水準は $A_1B_2C_2D_2$ です。帽子 A_1、メガネ B_2、スカーフ C_2、コート D_2 の組合わせが最もよい服装となります。

手順❹－2 最適水準における母平均の推定

$$\begin{aligned}\hat{\mu}(A_1B_2C_2D_2) &= \widehat{\mu + a_1 + b_2 + (ab)_{12}} + \widehat{\mu + c_2} + \widehat{\mu + d_2} - 2 \times \hat{\mu} \\ &= \frac{A_1B_2\text{水準の合計}}{2} + \frac{C_2\text{水準の合計}}{4} + \frac{D_2\text{水準の合計}}{4} - 2 \times \frac{\text{総計}}{8} \\ &= \frac{53}{2} + \frac{78}{4} + \frac{87}{4} - 2 \times \frac{146}{8} = 31.25\end{aligned}$$

この結果、$A_1B_2C_2D_2$ の服装での採点結果の母平均の点推定値は31.25点です。8通りの服装で最も採点結果がよかったのでも28点でしたから、それよりもよい服装を見付けることができました。

次に、信頼率95%で区間推定します。プーリング後の分散分析表より、$V_E = 1.25$, $\phi_E = 2$ です。また、有効反復数は、

$$\frac{1}{n_e}=\frac{1}{2}+\frac{1}{4}+\frac{1}{4}-2\times\frac{1}{8}=\frac{3}{4}$$ （伊奈の式）

$$\frac{1}{n_e}=\frac{(\phi_A+\phi_B+\phi_C+\phi_D+\phi_{A\times B})+1}{8}=\frac{3}{4}$$ （田口の式）

です。以上より、最適水準における母平均を信頼率95%で区間推定すると、

$$\begin{aligned}\hat{\mu}(A_1B_2C_2D_2)\pm t(\phi_E,\alpha)\sqrt{\frac{V_E}{n_e}}&=31.25\pm t(2,0.05)\sqrt{\frac{3}{4}\times 1.25}\\&=31.25\pm 4.303\times 0.968\\&=31.25\pm 4.17=27.1,35.4\end{aligned}$$

となり、信頼区間は27.1から35.4です。

$A_1B_2C_2D_2$の服装での採点結果の母平均は、信頼率95%で27.1点から35.4点の範囲になります。

最適水準における検証

16通りの中から8通りを選んでいるため、必ずしも最適水準でデータが取られているとは限りません。花子さんの服装では$A_1B_2C_2D_2$が最良として選ばれました。

しかし、試着した8通りには含まれていませんから、この服装をお母さんに見てもらってはいません。本当によい採点結果がもらえるかどうか、得られた推定結果が正しいかを検証するためにも、最適水準で一度データを取ってみることが大切です。

母平均の差の推定

2つの水準組合わせにおける母平均の差は二元配置のときと同じように考えます。それぞれの水準における母平均の点推定値を求め、その差を計算して母平均の差の点推定値とします。

区間推定では、2つの推定値の間で共通する項があったら、それらを除いたものから有効反復数を計算します。

手順❹－3 母平均の差の推定

最適水準$A_1B_2C_2D_2$の服装と今日着ていた服装である$A_1B_1C_1D_1$水準における母平均の差の推定をしてみます。

まず、それぞれの点推定値を求めます。

$$\hat{\mu}(A_1B_2C_2D_2) = \widehat{\mu + a_1 + b_2 + (ab)_{12}} + \widehat{\mu + c_2} + \widehat{\mu + d_2} - 2 \times \hat{\mu}$$
$$= \frac{53}{2} + \frac{78}{4} + \frac{87}{4} - 2 \times \frac{146}{8} = 31.25$$
$$\hat{\mu}(A_1B_1C_1D_1) = \widehat{\mu + a_1 + b_1 + (ab)_{11}} + \widehat{\mu + c_1} + \widehat{\mu + d_1} - 2 \times \hat{\mu}$$
$$= \frac{26}{2} + \frac{68}{4} + \frac{59}{4} - 2 \times \frac{146}{8} = 8.25$$

したがって、母平均の差の点推定値は、

$$\hat{\mu}(A_1B_2C_2D_2) - \hat{\mu}(A_1B_1C_1D_1) = 31.25 - 8.25 = 23.00$$

です。2つの服装には23.00点の差があります。

次に、信頼率95%で区間推定します。2×$\hat{\mu}$が共通にあるのでこれを除くと、それぞれの有効反復数は、

$$\frac{1}{n_e} = \frac{1}{2} + \frac{1}{4} + \frac{1}{4} = 1$$ です。

したがって、2つの服装における点数の母平均の差を信頼率95%で区間推定すると、

$$\{\hat{\mu}(A_1B_2C_2D_2) - \hat{\mu}(A_1B_1C_1D_1)\} \pm t(\phi_E, \alpha)\sqrt{\frac{2}{n_e}V_E} = 23.00 \pm t(2, 0.05)\sqrt{2 \times 1.25}$$
$$= 23.00 \pm 4.303 \times 1.581$$
$$= 23.00 \pm 6.80 = 16.2, 29.8$$

となり、信頼区間は16.2から29.8です。2つの服装での点数の母平均の差は、信頼率95%で16.2点から29.8点の範囲になります。

最適水準において新たに取るデータの予測

新たにデータを取るときの値の点予測値は母平均の点推定値と同じです。また、予測区間の幅は、母平均の信頼区間のV_E/n_eにV_Eが加わります。

$$\text{データの予測区間：}\ \hat{x}(ABCD) \pm t(\phi_E, \alpha)\sqrt{(1+\frac{1}{n_e})V_E}$$

手順❹－4　最適水準におけるデータの予測

最適水準$A_1B_2C_2D_2$における点数を予測します。

点予測値は母平均の点推定値と同じですから、31.25点です。信頼率95%での区間予測は、

$$\begin{aligned}\hat{x}(A_1B_2C_2D_2) \pm t(\phi_E, \alpha)\sqrt{(1+\frac{1}{n_e})V_E} &= 31.25 \pm t(2{,}0.05)\sqrt{\frac{7}{4}\times 1.25} \\ &= 31.25 \pm 4.303 \times 1.479 \\ &= 31.25 \pm 6.36 = 24.9, 37.6\end{aligned}$$

となり、予測区間は24.9から37.6です。

$A_1B_2C_2D_2$の服装では、信頼率95%で24.9点から37.6点の範囲の点数がもらえることになります。

4-10
3水準系直交配列表

3水準因子に対する直交配列表も用意されています。

3水準系直交配列表の仕組み

各因子に3つの水準を取った実験を計画するときには、3水準系直交配列表が使われます。3水準系の場合では、2つの因子の水準組合わせは(1, 1)、(1, 2)、(1, 3)、(2, 1)、(2, 2)、(2, 3)、(3, 1)、(3, 2)、(3, 3)の9通りがあり、この9通りの組合わせが同じ回数現れるような配列を考えます。

最も小さい表はこれらが1回ずつ現れるものです。9通りの水準組合わせで、3水準因子を4つまで表すことができ、$L_9(3^4)$ **直交配列表**と呼びます。どの2つの列を見ても、9通りの組合わせが1回ずつ現れています。

$L_9(3^4)$ 直交配列表

No.	[1]	[2]	[3]	[4]
1	1	1	1	1
2	1	2	2	2
3	1	3	3	3
4	2	1	2	3
5	2	2	3	1
6	2	3	1	2
7	3	1	3	2
8	3	2	1	3
9	3	3	2	1
成分	a	b	a b	a b^2

直交配列表を大きくするには3倍ずつ大きくする必要があり、$L_9(3^4)$の次に大きな直交配列表は$L_{27}(3^{13})$です。27通りの水準組合わせで、3水準因子を13まで表すことができます。

$L_{27}(3^{13})$ 直交配列表

No.	[1]	[2]	[3]	[4]	[5]	[6]	[7]	[8]	[9]	[10]	[11]	[12]	[13]
1	1	1	1	1	1	1	1	1	1	1	1	1	1
2	1	1	1	1	2	2	2	2	2	2	2	2	2
3	1	1	1	1	3	3	3	3	3	3	3	3	3
4	1	2	2	2	1	1	1	2	2	2	3	3	3
5	1	2	2	2	2	2	2	3	3	3	1	1	1
6	1	2	2	2	3	3	3	1	1	1	2	2	2
7	1	3	3	3	1	1	1	3	3	3	2	2	2
8	1	3	3	3	2	2	2	1	1	1	3	3	3
9	1	3	3	3	3	3	3	2	2	2	1	1	1
10	2	1	2	3	1	2	3	1	2	3	1	2	3
11	2	1	2	3	2	3	1	2	3	1	2	3	1
12	2	1	2	3	3	1	2	3	1	2	3	1	2
13	2	2	3	1	1	2	3	2	3	1	3	1	2
14	2	2	3	1	2	3	1	3	1	2	1	2	3
15	2	2	3	1	3	1	2	1	2	3	2	3	1
16	2	3	1	2	1	2	3	3	1	2	2	3	1
17	2	3	1	2	2	3	1	1	2	3	3	1	2
18	2	3	1	2	3	1	2	2	3	1	1	2	3
19	3	1	3	2	1	3	2	1	3	2	1	3	2
20	3	1	3	2	2	1	3	2	1	3	2	1	3
21	3	1	3	2	3	2	1	3	2	1	3	2	1
22	3	2	1	3	1	3	2	2	1	3	3	2	1
23	3	2	1	3	2	1	3	3	2	1	1	3	2
24	3	2	1	3	3	2	1	1	3	2	2	1	3
25	3	3	2	1	1	3	2	3	2	1	2	1	3
26	3	3	2	1	2	1	3	1	3	2	3	2	1
27	3	3	2	1	3	2	1	2	1	3	1	3	2
成分	a	b	a b	a b^2	c	a c	a c^2	b c	a b c	a b^2 c^2	b c^2	a b^2 c	a b c^2

4-11 要因割付けの方法

水準が多くなると交互作用が複雑になってきます。3水準因子の交互作用は2つの列に現れてきます。主効果と交絡しないような割付けを見付けなければなりません。

主効果と交互作用の割付け

2水準系と同じで、交互作用を考えないのであれば、どの列にどの因子を割り付けてもかまいません。

交互作用を考えるとき、3水準因子の主効果の自由度は2ですから、これらの交互作用の自由度は2×2=4です。各列の自由度は2ですから、3水準因子の交互作用を表すには2つの列が必要になります。

成分による割付け

成分pの列と成分qの列の交互作用は成分pqの列と成分pq^2の列の2列に現れるようになっています。このとき、3水準系ですから、$a^3 = b^3 = c^3 = 1$として計算します。

例えば、$L_{27}(3^{13})$では、第[3]列：abと第[7]列：ac^2の交互作用は、

$$ab \times ac^2 = a^2bc^2 = (a^2bc^2)^2 = a^4b^2c^4 = ab^2c \Rightarrow \text{第[12]列}$$

$$ab \times (ac^2)^2 = a^3bc^4 = bc \Rightarrow \text{第[8]列}$$

より第[8]列と第[12]列に現れます。

ここで、a^2bc^2のように成分表示にないときには、全体を2乗します。

線点図による割付け

4つの3水準因子(A, B, C, D)と3つの交互作用$A \times B$, $B \times C$, $B \times D$を割り付けてみます。

主効果の自由度は2、交互作用の自由度は4ですから、必要な自由度の合計は20です。各列の自由度は2ですから、これらを割り付けるには少なくとも10列が必要となるので、$L_{27}(3^{13})$ 直交配列表を用います。

まず、必要となる線点図を求めます。交互作用のあるBとA, C, Dを線分で結びます。用意された線点図の中から適当なものを選び、必要な線点図を当てはめます。

この結果、因子Aは第[2]列、因子Bは第[1]列、因子Cは第[5]列、因子Dは第[11]列に割り付けられ、交互作用$A \times B$は第[3]列と第[4]列、$B \times C$は第[6]列と第[7]列、$B \times D$は第[12]列と第[13]列に現れます。

何も割り付けられていない第[8]列、第[9]列、第[10]列の3列が誤差になります。

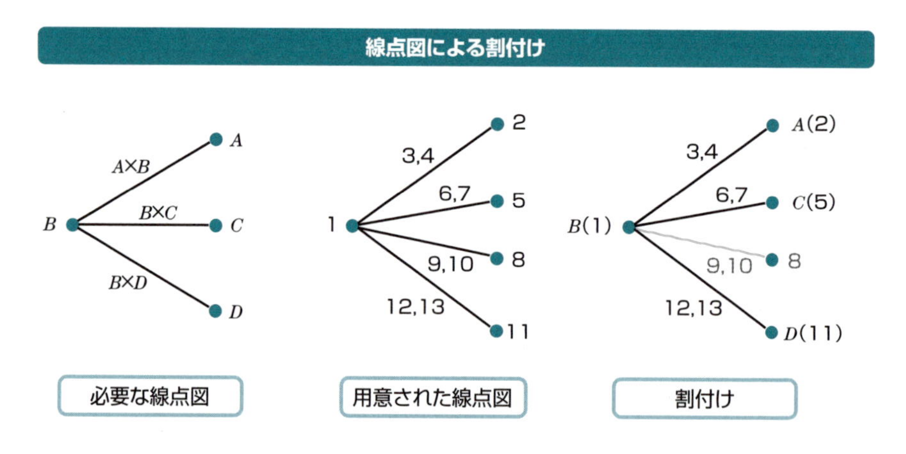

$L_9(3^4)$ 直交配列表と$L_{27}(3^{13})$ 直交配列表に用意されている線点図を次に示します。

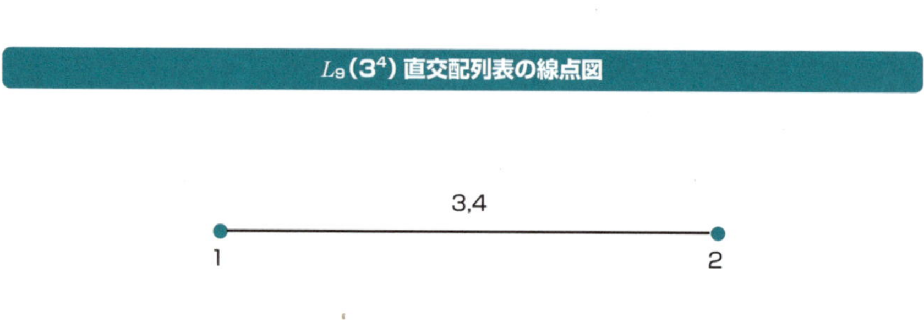

$L_9(3^4)$ 直交配列表の線点図

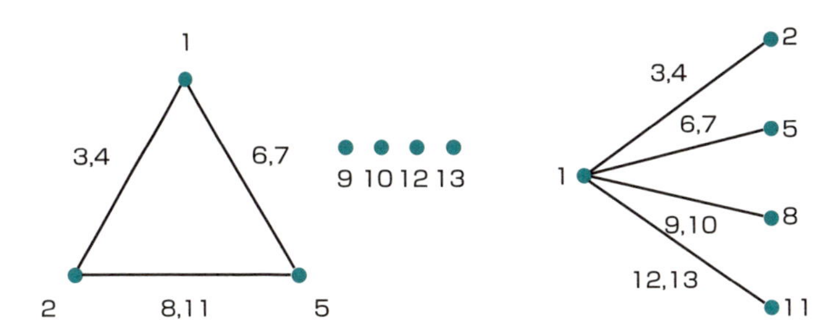

不可能な割付け

3水準系になると交互作用が2つの列に現れるため、列の数が十分あってもうまく割り付けられないことがあります。

例えば、4つの主効果（A、B、C、D）と4つの交互作用（$A \times B$、$A \times C$、$B \times C$、$B \times D$）を調べる実験では、12列以上あればいいので、$L_{27}(3^{13})$ に割付けができるように思われます。しかし、どのように割り付けても、交互作用を交絡しないようにすることはできません。

このような場合には、より大きな直交配列表に割り付けなければなりません。$L_{27}(3^{13})$ の次に大きいのは $L_{81}(3^{40})$ になり、実験回数は3倍に増えます。うまく割り付けられるような交互作用を選ぶことも大切です。

4-12
３水準系実験の計画とグラフ化

交互作用の現れ方に注意すれば、分散分析や最適水準の決め方、母平均の推定などの解析方法は２水準系と同じです。

太郎さんの服装チェック

太郎さんは帽子、メガネ、ネクタイ、ジャケットを３種類ずつ持っています。花子さんとのデートに何を着て行こうか迷っています。組合わせは全部で81通りもあります。何通りか着てみて、似合っているかどうかをお父さんに評価してもらうことにしました。

いくら時間のあるお父さんでも、81通りを全部見てもらうことはできません。「27通りなら見てあげよう」ということになり、太郎さんはどの27通りを着るか、また悩み始めてしまいました。

手順❶　実験の計画

手順❶－1　取り上げる因子と交互作用

帽子（A_1, A_2, A_3）、メガネ（B_1, B_2, B_3）、ネクタイ（C_1, C_2, C_3）、ジャケット（D_1, D_2, D_3）が３種類ずつあり、どれを着ていくかを決めます。

このとき、「メガネが特徴的なので、メガネをどれにするかで帽子、ネクタイ、ジャケットの見栄えが変わってくる」と太郎さんは考えています。

そこで、メガネと他の３つとの組合わせ効果を取り上げることにしました。４つの因子（帽子A、メガネB、ネクタイC、ジャケットD）と３つの交互作用$A\times B$、$B\times C$、$B\times D$を取り上げて、どの組合わせにするのが最もよいかを調べます。

まず、どの27通りを着てみるかを決めなければなりません。

手順❶－2　要因の割付け

４つの主効果A, B, C, Dと３つの交互作用$A\times B$, $B\times C$, $B\times D$を4-11節の例のように$L_{27}(3^{13})$直交配列表に割り付けます。

帽子Aを第[2]列、メガネBを第[1]列、ネクタイCを第[5]列、ジャケットDを第[11]列に割り付け、27通りの組合わせが決まりました。

交互作用は$A\times B$が第[3]列と第[4]列、$B\times C$が第[6]列と第[7]列、$B\times D$が第[12]列と第[13]列に現れます。

手順❷　実験の実施とデータのグラフ化

手順❷－1　実験の実施

太郎さんは27通りをランダムな順に試着して、お父さんに採点をしてもらいました。27通りの水準組合わせと得られた採点結果を表に示しておきます。

27通りの水準組合わせと採点結果

No.	[1] B	[2] A	[3] $A \times B$	[4] $A \times B$	[5] C	[6] $B \times C$	[7] $B \times C$	[8]	[9]	[10]	[11] D	[12] $B \times D$	[13] $B \times D$	採点結果
1	1	1	1	1	1	1	1	1	1	1	1	1	1	21
2	1	1	1	1	2	2	2	2	2	2	2	2	2	16
3	1	1	1	1	3	3	3	3	3	3	3	3	3	16
4	1	2	2	2	1	1	1	2	2	2	3	3	3	23
5	1	2	2	2	2	2	2	3	3	3	1	1	1	21
6	1	2	2	2	3	3	3	1	1	1	2	2	2	22
7	1	3	3	3	1	1	1	3	3	3	2	2	2	14
8	1	3	3	3	2	2	2	1	1	1	3	3	3	18
9	1	3	3	3	3	3	3	2	2	2	1	1	1	15
10	2	1	2	3	1	2	3	1	2	3	1	2	3	21
11	2	1	2	3	2	3	1	2	3	1	2	3	1	22
12	2	1	2	3	3	1	2	3	1	2	3	1	2	20
13	2	2	3	1	1	2	3	2	3	1	3	1	2	20
14	2	2	3	1	2	3	1	3	1	2	1	2	3	24
15	2	2	3	1	3	1	2	1	2	3	2	3	1	20
16	2	3	1	2	1	2	3	3	1	2	2	3	1	18
17	2	3	1	2	2	3	1	1	2	3	3	1	2	20
18	2	3	1	2	3	1	2	2	3	1	1	2	3	18
19	3	1	3	2	1	3	2	1	3	2	1	3	2	21
20	3	1	3	2	2	1	3	2	1	3	2	1	3	14
21	3	1	3	2	3	2	1	3	2	1	3	2	1	15
22	3	2	1	3	1	3	2	2	1	3	3	2	1	23
23	3	2	1	3	2	1	3	3	2	1	1	3	2	16
24	3	2	1	3	3	2	1	1	3	2	2	1	3	16
25	3	3	2	1	1	3	2	3	2	1	2	1	3	20
26	3	3	2	1	2	1	3	1	3	2	3	2	1	11
27	3	3	2	1	3	2	1	2	1	3	1	3	2	19

手順❷－２　データの整理

データをグラフ化するにあたって、各列における水準ごとの合計と平均を求めておきます。この値は要因平方和を計算するときにも使います。

データの計算補助表

No.	[1] B	[2] A	[3] $A \times B$	[4] $A \times B$	[5] C	[6] $B \times C$	[7] $B \times C$	[8]	[9]	[10]	[11] D	[12] $B \times D$	[13] $B \times D$
第１水準の合計	166	166	164	167	181	157	174	170	179	172	176	167	166
平均	18.4	18.4	18.2	18.6	20.1	17.4	19.3	18.9	19.9	19.1	19.6	18.6	18.4
第２水準の合計	183	185	179	172	162	164	177	170	166	164	162	164	168
平均	20.3	20.5	19.9	19.1	18.0	18.2	19.7	18.9	18.4	18.2	18.0	18.2	18.7
第３水準の合計	155	153	161	165	161	183	153	164	159	168	166	173	170
平均	17.2	17.0	17.9	18.3	17.9	20.3	17.0	18.2	17.7	18.7	18.4	19.2	18.9

交互作用のために各組合わせの合計や平均を求めた二元表も用意します。

AB二元表

	B_1	B_2	B_3
A_1	21+16+16=53 平均17.7	21+22+20=63 平均21.0	21+14+15=50 平均16.7
A_2	23+21+22=66 平均22.0	20+24+20=64 平均21.3	23+16+16=55 平均18.3
A_3	14+18+15=47 平均15.7	18+20+18=56 平均18.7	20+11+19=50 平均16.7

BC二元表

	C_1	C_2	C_3
B_1	21+23+14=58 平均19.3	16+21+18=55 平均18.3	16+22+15=53 平均17.7
B_2	21+20+18=59 平均19.7	22+24+20=66 平均22.0	20+20+18=58 平均19.3
B_3	21+23+20=64 平均21.3	14+16+11=41 平均13.7	15+16+19=50 平均16.7

BD二元表

	D_1	D_2	D_3
B_1	21+21+15=57 平均19.0	16+22+14=52 平均17.3	16+23+18=57 平均19.0
B_2	21+24+18=63 平均21.0	22+20+18=60 平均20.0	20+20+20=60 平均20.0
B_3	21+16+19=56 平均18.7	14+16+20=50 平均16.7	15+23+11=49 平均16.3

手順❷－3　データのグラフ化

主効果のグラフ

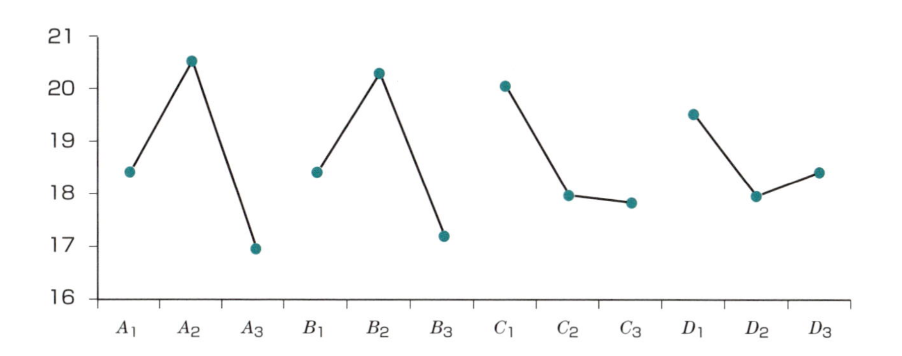

交互作用のグラフ

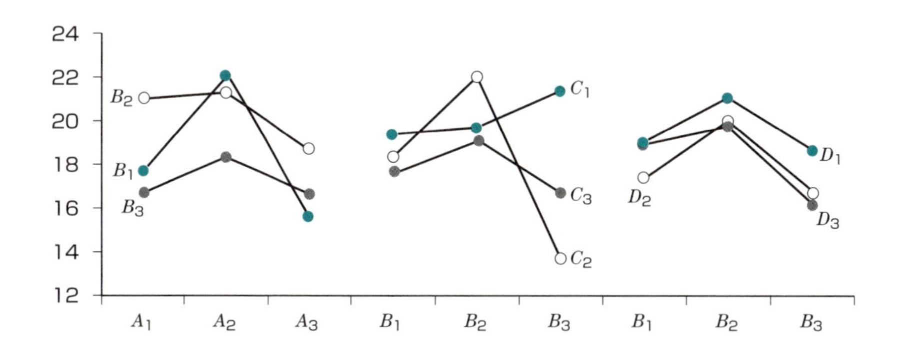

グラフより、主効果A、B、Cと交互作用$B \times C$の効果がありそうです。主効果Dや交互作用$A \times B$の効果はありそうにも見えますが、それほど大きくなさそうです。交互作用$B \times D$の効果はなさそうです。

帽子、メガネ、ネクタイはどれを選ぶかで見栄えが変わりそうですが、ジャケットはあまり変わらなさそうです。また、メガネとネクタイには組合わせ効果がありそうですが、帽子とメガネやメガネとジャケットの組合わせ効果は、はっきりとしません。

4-13

３水準系直交配列表実験の分散分析

３水準系直交配列表実験の計画や要因効果の判定、母平均の推定などの解析方法を数値例によって考えてみましょう。

列平方和と要因平方和

各列の平方和は、３水準の一元配置法における平方和と同じ式で計算します。第$[k]$列の平方和は、

$$S_{[k]} = \frac{T_{[k]1}^2}{N/3} + \frac{T_{[k]2}^2}{N/3} + \frac{T_{[k]3}^2}{N/3} - \frac{T^2}{N}$$

です。合計をまとめた表に追加して列平方和を計算します。

手順❸ 分散分析

手順❸－１ 要因の平方和と自由度

13の列の列平方和を計算します。要因平方和は、その要因が割り付けられた列の列平方和です。交互作用の平方和は、割り付けられた２つの列平方和の合計です。何も割り付けられなかった列の平方和の合計が**誤差平方和**です。

列平方和の計算

No.	[1] B	[2] A	[3] $A\times B$	[4] $A\times B$	[5] C	[6] $B\times C$	[7] $B\times C$	[8]	[9]	[10]	[11] D	[12] $B\times D$	[13] $B\times D$
第１水準の合計	166	166	164	167	181	157	174	170	179	172	176	167	166
第２水準の合計	183	185	179	172	162	164	177	170	166	164	162	164	168
第３水準の合計	155	153	161	165	161	183	153	164	159	168	166	173	170
$S[k]$	44.22	57.56	20.67	2.89	28.22	40.22	38.00	2.67	22.89	3.56	11.56	4.67	0.89

$$S_A = S_{[2]} = 57.56$$
$$S_B = S_{[1]} = 44.22$$
$$S_C = S_{[5]} = 28.22$$
$$S_D = S_{[11]} = 11.56$$
$$S_{A\times B} = S_{[3]} + S_{[4]} = 20.67 + 2.89 = 23.56$$
$$S_{B\times C} = S_{[6]} + S_{[7]} = 40.22 + 38.00 = 78.22$$
$$S_{B\times D} = S_{[12]} + S_{[13]} = 4.67 + 0.89 = 5.56$$
$$S_E = S_{[8]} + S_{[9]} + S_{[10]} = 2.667 + 22.889 + 3.556 = 29.11$$

丸め誤差による影響が出ることもありますから、計算途中では多めに桁数を取っておきます。主効果の自由度は2で、交互作用の自由度は4です。誤差自由度は誤差列の列自由度の和となります。

分散分析

平方和と自由度が決まると、平均平方やF_0値、P値を求めて分散分析表にまとめ、要因効果の有無を検定します。

手順❸－2　分散分析表

太郎さんの服装を採点した結果から、次ページ上の分散分析表が得られます。

主効果Aが有意となりました。主効果Bと交互作用$B\times C$は有意ではありませんが、F_0値が小さくなくP値も10%以下なので無視しません。

主効果Cは交互作用$B\times C$があるので残します。F_0値が小さくP値も大きい主効果Dと交互作用$A\times B$、$B\times D$は誤差にプーリングします。

帽子はどれにするかで大きな差が現れます。メガネも見栄えが変わりそうで、特にネクタイとの組合わせには注意が必要のようです。

分散分析表

要因	平方和S	自由度ϕ	平均平方V	F_0値	P値
帽子A	57.56	2	28.78	5.93*	3.8%
メガネB	44.22	2	22.11	4.56	6.3%
ネクタイC	28.22	2	14.11	2.91	13.1%
ジャケットD	11.56	2	5.78	1.19	36.7%
$A \times B$	23.56	4	5.89	1.21	39.7%
$B \times C$	78.22	4	19.56	4.03	6.4%
$B \times D$	5.56	4	1.39	0.29	87.4%
E(誤差)	29.11	6	4.852		
T(合計)	278.00	26			

手順❸－3　プーリング後の分散分析表

プーリング後の分散分析表

要因	平方和S	自由度ϕ	平均平方V	F_0値	P値
帽子A	57.56	2	28.78	6.60**	0.8%
メガネB	44.22	2	22.11	5.07*	2.0%
ネクタイC	28.22	2	14.11	3.24	6.6%
$B \times C$	78.22	4	19.56	4.48*	1.3%
E(誤差)	69.78	16	4.361		
T(合計)	278.00	26			

分散分析の結果、主効果Aが高度に有意、主効果Bと交互作用$B \times C$が有意となりました。以降の解析では、3つの主効果である帽子A、メガネB、ネクタイCとメガネとネクタイの交互作用$B \times C$を用います。

ジャケットDは誤差にプーリングされています。ジャケットはどれを選んでもほとんど違いはないということです。

4-14
最適水準における推定と予測

3水準系直交配列表実験の計画や要因効果の判定、母平均の推定などの解析方法を数値例によって考えてみましょう。

データの構造式と最適水準

最適水準の求め方や母平均の推定の方法は、2水準系のときとまったく同じです。交互作用があるときにはその主効果との組合わせで考えます。主効果A、B、Cと交互作用$B\times C$がある場合は、次のように分解されます。

$$\begin{aligned}\hat{\mu}(ABC) &= \widehat{\mu + a + b + c + (bc)} \\ &= \widehat{\mu + b + c + (bc)} + \widehat{\mu + a} - \hat{\mu} \\ &= (BC\text{の平均}) + (A\text{の平均}) - (\text{全体平均}) \\ &= \frac{BC\text{水準の合計}}{3} + \frac{A\text{水準の合計}}{9} - \frac{\text{総計}}{27}\end{aligned}$$

因子BとCが最大となる組合わせはBC二元表から選びます。因子Aは単独で大きくなる水準を選びます。

手順❹　最適水準における母平均の推定

手順❹－1　最適水準の決定

因子BとCはBC二元表よりB_2C_2水準、因子AはA_2水準が選ばれます。したがって、最適水準は$A_2B_2C_2$です。

帽子A_2、メガネB_2、ネクタイC_2の組合わせが最もよい服装となりました。ジャケットはどれを選んでもほとんど同じなので、水準は設定しません。

BC二元表とAの計算補助表

	C_1	C_2	C_3
B_1	58	55	53
B_2	59	66	58
B_3	64	41	50

	A
第1水準の合計	166
第2水準の合計	185
第3水準の合計	153

手順❹−2 最適水準における母平均の推定

母平均の点推定値は、最適水準を求めるために展開したデータの構造式に基づいて計算します。

$$\hat{\mu}(A_2B_2C_2) = \widehat{\mu + b_2 + c_2 + (bc)_{22}} + \widehat{\mu + a_2} - \hat{\mu}$$
$$= \frac{B_2C_2\text{水準の合計}}{3} + \frac{A_2\text{水準の合計}}{9} - \frac{\text{総計}}{27}$$
$$= \frac{66}{3} + \frac{185}{9} - \frac{504}{27} = 23.89$$

この結果、$A_2B_2C_2$の服装での点数の母平均の点推定値は23.89点です。

27通りの服装におけるNo.14の服装ですが、採点結果の24点とほぼ同じ値になっています。

次に、信頼率95%で区間推定します。

プーリング後の分散分析表より、$V_E = 4.361$ ，$\phi_E = 16$ です。

また、有効反復数は、以下のようになります。

$$\frac{1}{n_e} = \frac{1}{3} + \frac{1}{9} - \frac{1}{27} = \frac{11}{27} \quad \text{（伊奈の式）}$$

$$\frac{1}{n_e} = \frac{(\phi_A + \phi_B + \phi_C + \phi_{B\times C}) + 1}{27} = \frac{11}{27} \quad \text{（田口の式）}$$

以上より、最適水準における母平均を信頼率95%で区間推定すると、

$$\hat{\mu}(A_2B_2C_2) \pm t(\phi_E, \alpha)\sqrt{\frac{V_E}{n_e}} = 23.89 \pm t(16, 0.05)\sqrt{\frac{11}{27} \times 4.361}$$
$$= 23.89 \pm 2.120 \times 1.333$$
$$= 23.89 \pm 2.83 = 21.1, 26.7$$

となり、信頼区間は21.1から26.7です。

$A_2B_2C_2$の服装での点数の母平均は、信頼率95%で21.1点から26.7点の範囲になります。

手順❹－3　母平均の差の推定

最適水準$A_2B_2C_2$の服装と、今日、着ていた服装である$A_1B_1C_1$における母平均の差を推定してみます。まず、それぞれの点推定値を求めます。

$$\hat{\mu}(A_2B_2C_2) = \frac{66}{3} + \frac{185}{9} - \frac{504}{27} = 23.89$$

$$\hat{\mu}(A_1B_1C_1) = \widehat{\mu + b_1 + c_1 + (bc)_{11}} + \widehat{\mu + a_1} - \hat{\mu}$$
$$= \frac{58}{3} + \frac{166}{9} - \frac{504}{27} = 19.11$$

したがって、母平均の差の点推定値は、

$$\hat{\mu}(A_2B_2C_2) - \hat{\mu}(A_1B_1C_1) = 23.89 - 19.11 = 4.78$$

です。2つの服装には4.78点の差があります。

次に、信頼率95%で区間推定します。$\hat{\mu}$が共通にあるのでこれを除くと、それぞれの有効反復数は、以下のようになります。

$$\frac{1}{n_e} = \frac{1}{3} + \frac{1}{9} = \frac{4}{9}$$

したがって、2つの服装における点数の母平均の差を信頼率95%で区間推定すると、

$$
\begin{aligned}
\{\hat{\mu}(A_2B_2C_2)-\hat{\mu}(A_1B_1C_1)\}\pm t(\phi_E,\alpha)\sqrt{\frac{2}{n_e}V_E} &= 4.78\pm t(16,0.05)\sqrt{\frac{8}{9}\times 4.361}\\
&= 4.78\pm 2.120\times 1.969\\
&= 4.78\pm 4.17 = 0.6, 9.0
\end{aligned}
$$

となり、信頼区間は0.6から9.0です。

2つの服装での点数の母平均の差は、信頼率95%で0.6点から9.0点の範囲になります。

手順❹－4　最適水準におけるデータの予測

最適水準$A_2B_2C_2$における評価点を予測します。

点予測値は母平均の点推定値と同じですから23.89点です。信頼率95%での区間予測は、

$$
\begin{aligned}
\hat{x}(A_2B_2C_2)\pm t(\phi_E,\alpha)\sqrt{(1+\frac{1}{n_e})V_E} &= 23.89\pm t(16,0.05)\sqrt{(1+\frac{11}{27})\times 4.361}\\
&= 23.89\pm 2.120\times 2.477\\
&= 23.89\pm 5.25 = 18.6, 29.1
\end{aligned}
$$

となり、予測区間は18.6から29.1です。

$A_2B_2C_2$の服装では、信頼率95%で18.6点から29.1点の範囲の点数がもらえることになります。

4-15 異なる水準数の因子による実験

直交配列表実験で取り上げた因子の水準数が揃っていないときには、多水準法や擬水準法が用いられ、さらに適用範囲が広がります。

異なる水準数の因子があるとき

取り上げる因子の水準数がすべて２水準あるいは３水準であれば、２水準系、あるいは３水準系の直交配列表を用いて実験を計画することができます。このほかに、２水準因子と３水準因子が混在する実験や、４水準因子を取り上げる実験も、２水準系、あるいは３水準系の直交配列表を用いることができます。

ほとんどの因子は２水準だがいくつかの因子は４水準に設定したい、というときには、２水準系直交配列表に４水準因子を取り入れて実験を行う、**多水準法**が使われます。

ほとんどの因子は３水準だがいくつかの因子は２水準しかない、というときには、３水準系直交配列表に２水準因子を取り入れて実験を行う、**擬水準法**が使われます。

そして、ほとんどの因子は２水準だがいくつかの因子は３水準に設定したい、というときには、多水準法と擬水準法を組み合わせて２水準系直交配列表に３水準因子を取り入れて実験を行います。

多水準法と擬水準法の使い方

ほとんどの因子	異なる水準数の因子	用いる直交配列表	用いる手法
２水準	４水準	２水準系	多水準法
３水準	２水準	３水準系	擬水準法
２水準	３水準	２水準系	多水準法＋擬水準法

多水準法

４水準因子を２水準系直交配列表に割り付ける方法です。２つの列の水準組合わせは、どの２列を取ってきても (1, 1)、(1, 2)、(2, 1)、(2, 2) の４通りありました。この４通りの組合わせに４つの水準を割り当てて考えます。つまり、２つの列を使って４水準因子を表します。

２つの列には、その交互作用が現れる列が存在します。例えば、$L_8(2^7)$ で第[1]列と第[2]列で４水準因子を表したとすると、第[3]列はこれらの列の交互作用が現れます。これらの３つの列の水準組合わせは８通りではなく４通りですから、これらの３つの列を用いて４水準因子の割当てが決定されます。

多水準の作り方

２水準の組合わせ	４水準因子
(1, 1)	第１水準
(1, 2)	第２水準
(2, 1)	第３水準
(2, 2)	第４水準

擬水準法

２水準因子を、３水準系直交配列表に割り付ける方法です。２つの水準のうちの一方を３番目の水準として重複させて設定し、３水準因子を作ります。

例えば、２水準因子Aにおいて第１水準を重複させる水準とした場合、形式的な３水準因子Pを次のように対応させます。

擬水準の作り方

形式的な３水準因子	元の２水準因子
P_1	A_1
P_2	A_2
P_3	A_1

多水準法と擬水準法の組合わせ

3水準因子を2水準系直交配列表に割り付ける方法です。まず、3水準因子に擬水準法を適用して4水準因子を作ります。そして、これに多水準法を適用して2水準系直交配列表に割り付けます。

3水準因子Aにおいて第1水準を重複させる水準とした場合、形式的な4水準因子Pは次のように表すことができ、3つの列を用いて割り付けることになります。

多水準と擬水準の組合わせ

形式的な4水準因子	3つの列の組合わせ	元の3水準因子
P_1	(1, 1, 1)	A_1
P_2	(1, 2, 2)	A_2
P_3	(2, 1, 2)	A_3
P_4	(2, 2, 1)	A_1

4-16

多水準法

２水準系直交配列表の２つの列を用いて４水準因子を割り付ける方法です。主効果と交互作用の割付けが工夫されています。

４水準因子の割付け

２水準系直交配列表に４水準因子を割り付けるときには、３つの列を用いて割り付けますが、互いに主効果と交互作用の関係にある３つの列に割り付けます。

３つの列の自由度の和は３となり、４水準因子の自由度３とも一致します。４つの水準は２つの列の組合わせで表すことができますが、これらの２つの列の交互作用が現れる列にも４水準因子の主効果が現れます。

４水準因子と２水準因子の交互作用は、４水準因子を割り付けた３つの列のそれぞれと、２水準因子を割り付けた列との交互作用列に現れます。したがって、交互作用も３つの列に割り付けられます。

４水準因子が２つある場合には、これらの主効果で６列必要となります。さらに、これらの交互作用も考えるなら、それだけで９列も必要となります。多水準法を使うと、必要となる列数が多くなるので、実際に適用するときには４水準因子はせいぜい１つとするのがよいでしょう。

割付けの実際

４水準因子Aと３つの２水準因子B、C、Dを取り上げ、交互作用として$A \times B$、$B \times C$、$B \times D$の３つを考慮するときの因子割付けを考えてみましょう。

主効果の自由度は3+1+1+1=6、交互作用の自由度は3+1+1=5ですから、少なくとも11列が必要です。そこで、$L_{16}(2^{15})$直交配列表への割付けを考えます。

まず、必要となる線点図を描きます。主効果Aと交互作用$A \times B$にはそれぞれ３つの列が必要となります。これを用意された線点図に当てはめてみますが、そのまま当てはめられるものはありません。

Aを第[1][2][3]列、Bを第[4]列としたとき、第[3]列と第[4]列の交互作用となる第[7]列を移動させることで、必要な線点図とすることができます。

この結果、因子Aは第[1][2][3]列、Bは第[4]列、Cは第[15]列、Dは第[8]列に割り付け、交互作用$A\times B$は第[5][6][7]列、$B\times C$は第[11]列、$B\times D$は第[12]列に現れるような実験が計画できます。

多水準因子の割付け

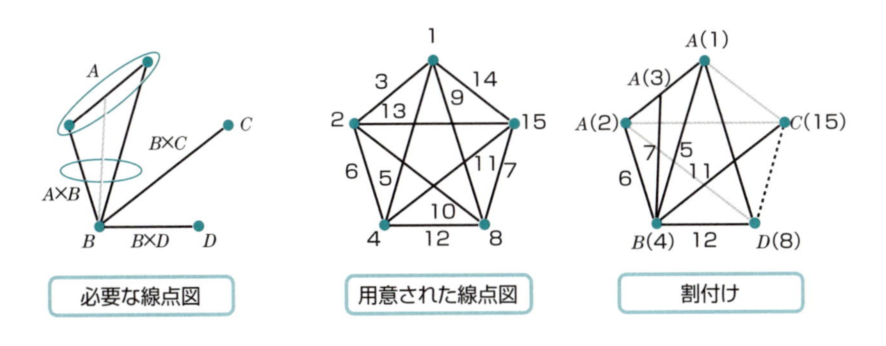

平方和の計算

4水準因子Aの要因平方和は、割り付けられた3つの列の列平方和の合計で求めます。交互作用も割り付けられた列の列平方和の合計です。要因が割り付けられなかった列が誤差となります。

$$S_A = S_{[1]} + S_{[2]} + S_{[3]},\ S_B = S_{[4]},\ S_C = S_{[15]},\ S_D = S_{[8]}$$

$$S_{A\times B} = S_{[5]} + S_{[6]} + S_{[7]},\ S_{B\times C} = S_{[11]},\ S_{B\times D} = S_{[12]}$$

$$S_E = S_{[9]} + S_{[10]} + S_{[13]} + S_{[14]}$$

自由度は、$\phi_A = 3,\ \phi_B = 1,\ \phi_C = 1,\ \phi_D = 1,\ \phi_{A\times B} = 3,\ \phi_{B\times C} = 1,\ \phi_{B\times D} = 1,$ $\phi_E = 4,\ \phi_T = 15$ です。

これらをまとめて分散分析表が得られます。

分散分析の結果、プーリングの有無の判断、最適水準の決定、母平均の推定やデータの予測を行います。4水準因子の各水準におけるデータ数が異なることに注意すれば、解析方法はこれまでの方法と同じです。

4-17

擬水準法

3水準系直交配列表に2水準因子を割り付ける方法です。擬水準因子の要因平方和は列平方和からではなく、定義式に従って計算することになります。

割付けの実際

2水準因子は形式的に作られた3水準因子に置き換えていますから、割り付ける因子はすべて3水準因子で揃っています。したがって、通常の3水準系直交配列表への割付けと同じ方法で割付けを行います。

2水準因子Aと3水準因子B、Cを取り上げ、交互作用として$A \times B$、$B \times C$を考慮するときの因子割付けを考えてみましょう。

因子Aは、A_1水準を重複水準とした擬水準を設定して3水準因子Pとし、3つの3水準因子P、B、Cと2つの交互作用$P \times B$、$B \times C$を割り付けます。主効果の自由度は2+2+2=6、交互作用の自由度は4+4=8ですから、合計の自由度は14と、少なくとも7列が必要です。そこで、$L_{27}(3^{13})$ 直交配列表への割付けを考えます。

まず、必要となる線点図を描き、これを用意された線点図に当てはめます。この結果、因子Pは第[2]列、Bは第[1]列、Cは第[11]列に割り付け、交互作用$P \times B$は第[3][4]列、$B \times C$は第[12][13]列に現れるような実験が計画できます。第[2]列で水準1と水準3となっている18通りの実験はA_1水準で、水準2となっている9通りの実験はA_2水準で行います。

擬水準因子の割付け

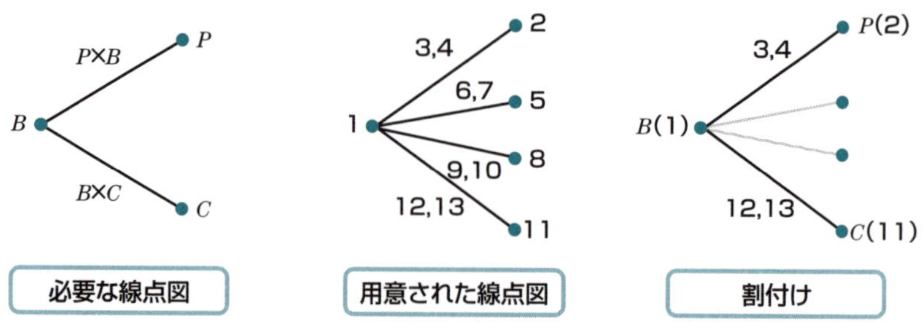

$P \times B$
P
B
$B \times C$
C
必要な線点図

3,4
2
6,7
5
1
9,10
8
12,13
11
用意された線点図

3,4
P(2)
B(1)
12,13
C(11)
割付け

平方和の計算

2水準因子Aの要因平方和は列平方和からは計算できません。擬水準を設定した因子Aとこれに関わる交互作用の要因平方和は、一元配置や二元配置に用いた定義式から計算します。

$$S_A=\sum_{i=1}^{2}\frac{(A_i\text{水準の和})^2}{A_i\text{水準のデータ数}}-\frac{(\text{合計})^2}{\text{総データ数}}$$

$$S_{AB}=\sum_{j=1}^{3}\sum_{i=1}^{2}\frac{(A_iB_j\text{水準の和})^2}{A_iB_j\text{水準のデータ数}}-\frac{(\text{合計})^2}{\text{総データ数}}$$

$$S_{A\times B}=S_{AB}-S_A-S_B$$

擬水準因子Pの平方和S_Pの自由度は2ですが、2水準因子Aの平方和S_Aの自由度は1です。S_PとS_Aの差は誤差を表し、誤差自由度も1だけ大きくなります。因子Aに交互作用がある場合も、因子Pの交互作用との差が誤差となります。誤差平方和は総平方和から各要因平方和を引いて求めます。平方和は次のように計算します。

$$S_T=S_{[1]}+\cdots+S_{[16]}$$

$$S_A=\frac{(A_1\text{水準の和})^2}{18}+\frac{(A_2\text{水準の和})^2}{9}-\frac{(\text{合計})^2}{27}$$

$$S_B=S_{[1]}$$

$$S_C=S_{[11]}$$

$$S_{AB}=\frac{(A_1B_1\text{水準の和})^2}{6}+\frac{(A_1B_2\text{水準の和})^2}{6}+\frac{(A_1B_3\text{水準の和})^2}{6}+\frac{(A_2B_1\text{水準の和})^2}{3}+\frac{(A_2B_2\text{水準の和})^2}{3}+\frac{(A_2B_3\text{水準の和})^2}{3}-\frac{(\text{合計})^2}{27}$$

$$S_{A\times B}=S_{AB}-S_A-S_B$$

$$S_{B\times C}=S_{[12]}+S_{[13]}$$

$$S_E=S_T-(S_A+S_B+S_C+S_{A\times B}+S_{B\times C})$$

自由度は、$\phi_A=1,\ \phi_B=2,\ \phi_C=2,\ \phi_{A\times B}=2,\ \phi_{B\times C}=4,\ \phi_E=4,\ \phi_T=15$ です。これらをまとめて分散分析表が得られます。

各水準におけるデータ数に注意すれば、解析方法はこれまでの方法と同じですが、有効反復数は伊奈の式で求めます。田口の式では求められません。

4-18

多水準法と擬水準法の組合わせ

多水準法と擬水準法の両方を用いると、3水準を2水準系直交配列表に割り付けることができます。

3水準因子の割付け

まず、擬水準法を用いて3水準因子Aを4水準因子Pにします。そして、これに多水準法を適用して、2水準系直交配列表に割り付けます。この結果、3水準因子は3つの列に割り付けられ、その一部から誤差が現れることに注意する必要があります。

割付けの実際

3水準因子Aと3つの2水準因子B、C、Dを取り上げ、交互作用として$A \times B$、$B \times C$、$B \times D$の3つを考慮するときの因子割付けを考えてみましょう。

因子Aは第1水準を重複水準として4水準因子Pを作ります。主効果の自由度は$3 + 1 + 1 + 1 = 6$、交互作用の自由度は$3 + 1 + 1 = 5$ですから、少なくとも11列が必要です。

そこで、$L_{16}(2^{15})$直交配列表への割付けを考えます。

必要となる線点図は4-16節の例と同じですから、因子Pは第[1][2][3]列、Bは第[4]列、Cは第[15]列、Dは第[8]列に割り付け、交互作用$P \times B$は第[5][6][7]列、$B \times C$は第[11]列、$B \times D$は第[12]列に現れるような実験が計画できます。

平方和の計算

各列の列平方和を計算します。擬水準を設定した因子Aとこれに関わる交互作用の要因平方和は、列平方和からは計算できないので、定義式に従って計算します。

$$S_A = \sum_{i=1}^{3} \frac{(A_i\text{水準の和})^2}{A_i\text{水準のデータ数}} - \frac{(\text{合計})^2}{\text{総データ数}}$$

$$S_{AB} = \sum_{j=1}^{2}\sum_{i=1}^{3} \frac{(A_iB_j\text{ 水準の和})^2}{A_iB_j\text{ 水準のデータ数}} - \frac{(\text{合計})^2}{\text{総データ数}}$$

$$S_{A\times B} = S_{AB} - S_A - S_B$$

擬水準因子Pの平方和S_Pの自由度は3ですが、3水準因子Aの平方和S_Aの自由度は2です。S_PとS_Aの差は誤差を表し、誤差自由度も1だけ大きくなります。因子Aに交互作用がある場合も、因子Pの交互作用との差が誤差となります。以上から、平方和は次のように計算されます。

$$S_T = S_{[1]} + \cdots + S_{[16]}$$
$$S_A = \frac{(A_1\text{水準の和})^2}{8} + \frac{(A_2\text{水準の和})^2}{4} + \frac{(A_3\text{水準の和})^2}{4} - \frac{(\text{合計})^2}{16}$$
$$S_B = S_{[4]}$$
$$S_C = S_{[15]}$$
$$S_D = S_{[8]}$$
$$S_{AB} = \frac{(A_1B_1\text{水準の和})^2}{4} + \frac{(A_1B_2\text{水準の和})^2}{4} + \frac{(A_2B_1\text{水準の和})^2}{2} + \frac{(A_2B_2\text{水準の和})^2}{2} + \frac{(A_3B_1\text{水準の和})^2}{2} + \frac{(A_3B_2\text{水準の和})^2}{2} - \frac{(\text{合計})^2}{16}$$
$$S_{A\times B} = S_{AB} - S_A - S_B$$
$$S_{B\times C} = S_{[11]}$$
$$S_{B\times D} = S_{[12]}$$
$$S_E = S_T - (S_A + S_B + S_C + S_D + S_{A\times B} + S_{B\times C} + S_{B\times D})$$

自由度は、$\phi_A = 2,\ \phi_B = 1,\ \phi_C = 1,\ \phi_D = 1,\ \phi_{A\times B} = 2,\ \phi_{B\times C} = 1,\ \phi_{B\times D} = 1,\ \phi_E = 6$です。これらをまとめて分散分析表が得られます。

最適水準の求め方、推定や予測の方法は、各水準におけるデータ数に注意すれば、これまでの方法と同じです。有効反復数は伊奈の式で求めることにも注意しましょう。

4-19

多水準法、擬水準法の実際

多水準法と擬水準法を組み合わせたときの直交配列表実験の解析方法を数値例によって考えてみましょう。

花子さんのお母さんの服装チェック

花子さんのお母さんは、3種類の帽子（A_1, A_2, A_3）と2種類のスカーフ（B_1, B_2）を持っています。どの組合わせがいいかを決めるために、花子さんが採点することになりました。

手順❶　実験の計画

手順❶－1　取り上げる因子と交互作用

3水準因子Aと2水準因子B、および交互作用$A \times B$を取り上げます。

手順❶－2　要因の割付け

多水準法と擬水準法を用いて$L_8(2^7)$直交配列表に割り付けます。このとき、お気に入りの帽子であるA_1水準を重複水準とし、形式的な4水準因子Pを作りました。

因子Pを第[1][2][3]列、因子Bを第[4]列に割り付け、8通りの組合わせが決まりました。交互作用$P \times B$は第[5][6][7]列に現れます。誤差列がありませんが、誤差平方和は4-17節で説明したように擬水準因子から出てきます。割り付けた列もデータ表に示しています。

8通りの水準組合わせと採点結果

No.	[1] P	[2] P	[3] P	[4] B	[5] $P \times B$	[6] $P \times B$	[7] $P \times B$	採点結果
1	1	1	1	1	1	1	1	23
2	1	1	1	2	2	2	2	32
3	1	2	2	1	1	2	2	26
4	1	2	2	2	2	1	1	28
5	2	1	2	1	2	1	2	20
6	2	1	2	2	1	2	1	17
7	2	2	1	1	2	2	1	21
8	2	2	1	2	1	1	2	31

3種類の帽子と2種類のスカーフの組合わせなら6通りしかありません。この6通りだけを試着するのは、繰返しのない二元配置実験ですから、交互作用を検出することはできません。二元配置実験で交互作用も調べるには繰返しが必要ですから、12回の試着をしないといけません。多水準、擬水準を使った直交配列表実験では、8回の試着によって、主効果だけでなく交互作用も検出することができます。

手順❷　実験の実施とデータのグラフ化

手順❷－1　実験の実施

8通りをランダムな順に試着して、採点をしてもらいました。8通りの水準組合わせと採点結果を表に示しておきます。各列における水準ごとの合計と列平方和も計算しておきます。

手順❷－2　データの整理

データをグラフ化するにあたって、各列の水準ごとの合計と平均を求め、列平方和も計算しておきます。交互作用のための二元表も用意します。

列平方和の計算

No.	[1]	[2]	[3]	[4]	[5]	[6]	[7]
	P	P	P	B	$P\times B$	$P\times B$	$P\times B$
第1水準の合計	109	92	107	90	97	102	89
平均	27.25	23.00	26.75	22.50	24.25	25.50	22.25
第2水準の合計	89	106	91	108	101	96	109
平均	22.25	26.50	22.75	27.00	25.25	24.00	27.25
$S[k]$	50.0	24.5	32.0	40.5	2.0	4.5	50.0

AB二元表

	B_1	B_2	合計	平均
A_1	23 + 21 = 44	32 + 31 = 63	107	26.75
A_2	26	28	54	27.00
A_3	20	17	37	18.50

手順❷－3　データのグラフ化

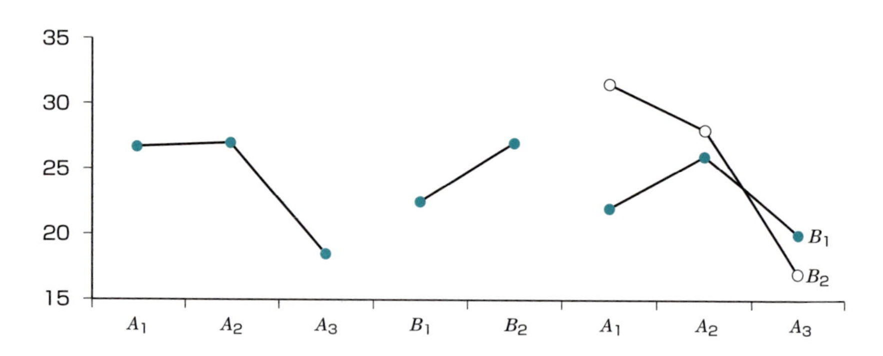

主効果A, Bと交互作用$A\times B$の効果はありそうです。つまり、帽子とスカーフはどのように組合わせるかで見栄えが変わってくるようです。

手順❸　分散分析

手順❸－1　要因の平方和と自由度

列平方和から要因平方和を計算します。3水準因子Aについては、主効果Aと交互作用$A\times B$の平方和は定義式に従って計算します。

$$S_T = S_{[1]} + \cdots + S_{[7]} = 203.5$$

$$S_A = \frac{107^2}{4} + \frac{54^2}{2} + \frac{37^2}{2} - \frac{198^2}{8} = 104.25$$

$$S_B = S_{[4]} = 40.50$$

$$S_{AB} = \frac{44^2}{2} + \frac{63^2}{2} + 26^2 + 28^2 + 20^2 + 17^2 - \frac{198^2}{8} = 201.00$$

$$S_{A\times B} = S_{AB} - S_A - S_B = 201.00 - 104.25 - 40.50 = 56.25$$

$$S_E = S_T - (S_A + S_B + S_{A\times B}) = 2.50$$

誤差列はありませんが、総平方和から各要因の平方和を引いて求めることができます。擬水準因子と列平方和の差が誤差平方和となって現れています。

3水準因子Aの主効果の自由度は2、2水準因子Bの主効果の自由度は1、交互作用$A\times B$の自由度は2です。誤差自由度は総自由度の7から要因自由度の合計を引いて2です。

手順❸－2　分散分析表

分散分析表

要因	平方和S	自由度ϕ	平均平方V	F_0値	P値
帽子A	104.25	2	52.125	41.7*	2.3%
スカーフB	40.50	1	40.500	32.4*	3.0%
$A\times B$	56.25	2	28.125	22.5*	4.3%
E(誤差)	2.50	2	1.250		
T(合計)	203.50	7			

主効果A, Bと交互作用$A \times B$が有意となりました。プーリングする要因はありません。帽子AとスカーフBの組合わせで見栄えが変わることがわかりました。

手順❹ 最適水準における母平均の推定

手順❹−1 最適水準の決定

AB二元表からA_1B_2が選ばれます。帽子A_1とスカーフB_2の組合わせが最もよい服装となりました。

手順❹−2 最適水準における母平均の推定

A_1B_2の服装での点数の母平均の点推定値は、

$$\hat{\mu}(A_1B_2) = \overline{\mu + a_1 + b_2 + (ab)_{12}} = \frac{A_1B_2\text{水準の合計}}{2} = \frac{63}{2} = 31.5$$

より31.5点です。8通りの服装におけるNo.2とNo.8の服装ですが、そのときの点数の平均点です。

次に信頼率95%で区間推定します。分散分析表より、$V_E = 1.25$, $\phi_E = 2$ です。また、A_1B_2水準における母平均の点推定量の有効反復数は$n_e = 2$ です。以上より、最適水準における母平均を信頼率95%で区間推定すると、

$$\begin{aligned}\hat{\mu}(A_1B_2) \pm t(\phi_E, \alpha)\sqrt{\frac{V_E}{n_e}} &= 31.5 \pm t(2, 0.05)\sqrt{\frac{1.25}{2}} \\ &= 31.5 \pm 4.303 \times 0.791 \\ &= 31.5 \pm 3.4 = 28.1, 34.9\end{aligned}$$

となり、信頼区間は28.1から34.9です。A_1B_2の服装での点数の母平均は、信頼率95%で28.1点から34.9点の範囲になります。

手順❹−3 母平均の差の推定

最適な服装A_1B_2と今日着ていた服装であるA_1B_1における母平均の差を推定してみます。まず、それぞれの点推定値を求めます。

$$\hat{\mu}(A_1B_2) = \frac{63}{2} = 31.5$$

$$\hat{\mu}(A_1B_1) = \frac{44}{2} = 22.0$$

したがって、母平均の差の点推定値は、

$$\hat{\mu}(A_1B_2) - \hat{\mu}(A_1B_1) = 31.5 - 22.0 = 9.5$$

です。2つの服装には9.5点の差があります。

次に、信頼率95%で区間推定します。共通項はないので、

それぞれの有効反復数は $\frac{1}{n_e} = \frac{1}{2}$ です。

2つの服装における点数の母平均の差を信頼率95%で区間推定すると、

$$\begin{aligned}\{\hat{\mu}(A_1B_2) - \hat{\mu}(A_1B_1)\} \pm t(\phi_E, \alpha)\sqrt{\frac{2}{n_e}V_E} &= 9.5 \pm t(2, 0.05)\sqrt{\frac{2}{2} \times 1.25} \\ &= 9.5 \pm 4.303 \times 1.118 \\ &= 9.5 \pm 4.8 = 4.7, 14.3\end{aligned}$$

となり、信頼区間は4.7から14.3です。2つの服装での点数の母平均の差は、信頼率95%で4.7点から14.3点の範囲になります。

手順❹－4　最適水準におけるデータの予測

最適水準A_1B_2における点数を予測します。点予測値は母平均の点推定値と同じですから、31.5点です。信頼率95%での区間予測は、

$$\begin{aligned}\hat{x}(A_1B_2) \pm t(\phi_E, \alpha)\sqrt{(1 + \frac{1}{n_e})V_E} &= 31.5 \pm t(2, 0.05)\sqrt{(1 + \frac{1}{2}) \times 1.25} \\ &= 31.5 \pm 4.303 \times 1.369 \\ &= 31.5 \pm 5.9 = 25.6, 37.4\end{aligned}$$

となり、予測区間は25.6から37.4です。A_1B_2の服装では、信頼率95%で25.6点から37.4点の範囲の点数がもらえることになります。

標本分散を$n-1$で割るのは？

n個のデータ$X_1, X_2, \cdots, X_n$が取る正規分布$N(\mu, \sigma^2)$に従うとき、これらを標準化すると$Z_i = (X_i - \mu)/\sigma$は標準正規分布$N(0, 1^2)$に従います。ここで、

$$\sum_{i=1}^{n} Z_i^2 = \sum_{i=1}^{n} \left(\frac{X_i - \mu}{\sigma}\right)^2 = \sum_{i=1}^{n} \left(\frac{X_i - \overline{x}}{\sigma}\right)^2 + n\left(\frac{\overline{x} - \mu}{\sigma}\right)^2 = \frac{S}{\sigma^2} + \left(\frac{\overline{x} - \mu}{\sigma / \sqrt{n}}\right)^2$$

と変形できます。左辺の$\sum_{i=1}^{n} Z_i^2$は自由度nのカイ2乗分布に従います。

右辺の第2項の

$$\left(\frac{\overline{x} - \mu}{\sigma / \sqrt{n}}\right)^2$$

は自由度1のカイ2乗分布に従います。

カイ2乗分布には再生性の性質がありますから、S/σ^2は自由度$n-1$のカイ2乗分布に従うことがわかります。

標本分散は、平方和をnでなく$n-1$で割ります。その理由は、標本分散の平均が母分散と一致するようにしているからです。

自由度nのカイ2乗分布の平均はnとなります。

よって、

$$E(S/\sigma^2) = n - 1 \text{ より、} E(S) = (n-1)\sigma^2$$

となります。このことから、標本分散の平均は、

$$E(V) = E\left(\frac{S}{n-1}\right) = \sigma^2$$

となり、母分散と一致します。もし、nで割れば、

$$E\left(\frac{S}{n}\right) = \frac{n-1}{n}\sigma^2 \neq \sigma^2$$

となり、母分散に一致しません。

第5章

実験計画法のあれこれ

実験計画法で最適水準を探索するときに遭遇するいくつかの話題を紹介します。実験を続けていくと交互作用や要因効果がなくなってくることがあります。実験を計画するときの因子の水準や実験の大きさをどう決めればよいでしょうか。また、回帰分析法との関係も説明します。

5-1

交互作用があったり、なかったり

ある因子間に交互作用があったとしても、いつでも交互作用があるとは限りません。水準設定によって交互作用があったり、なかったりします。

交互作用がなくなる

交互作用は因子間の相互関係を表すものですが、因子に固有のものではなく、因子の水準設定によって交互作用が現れたりなくなったりします。ある水準設定で実験したときに、因子Aと因子Bの間に交互作用があったとしても、水準設定を変更して実験したら交互作用がなくなることもあるのです。

２つの因子A, Bを変えたときの特性値を等高線図に示しています。最大となるのは$A=60$、$B=60$のときです。因子Aと因子Bには交互作用があるでしょうか。

３通りの実験の設定水準

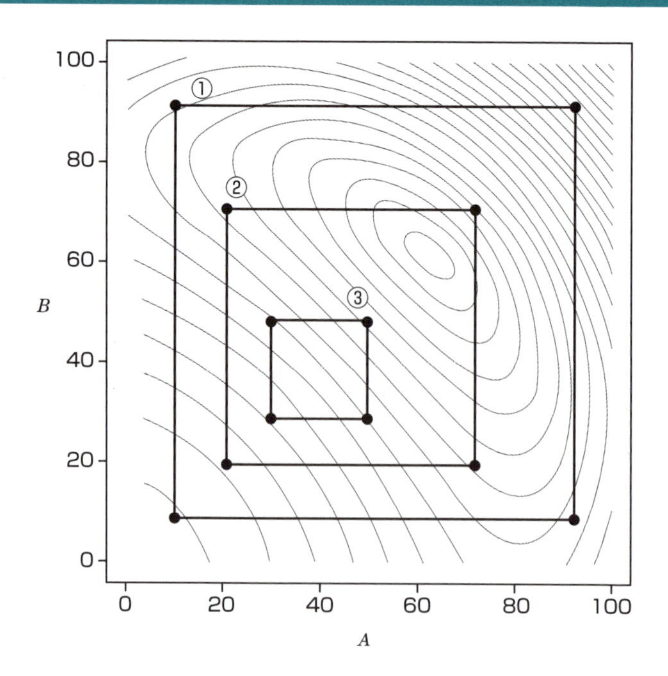

水準設定の違いによる交互作用

水準を2つ取って二元配置実験を行ってみます。以下の3通りの実験を行い、データをグラフにしました。

①：A_1=10, A_2=90およびB_1=10, B_2=90と設定
②：A_1=20, A_2=70およびB_1=20, B_2=70と設定
③：A_1=30, A_2=50およびB_1=30, B_2=50と設定

3通りの実験のデータ

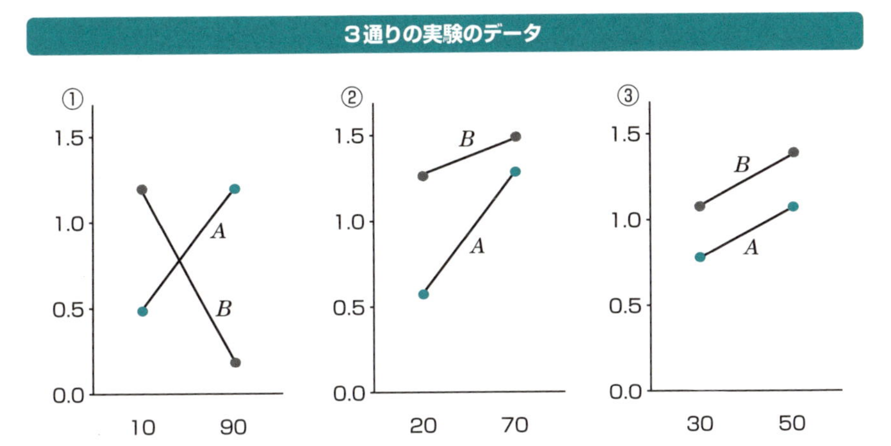

実験①では交互作用がありますが、実験③では交互作用はありません。実験③では水準間が狭く、特性値の変化も一様であるため、交互作用が存在していません。実験①では、水準間が大きく最適水準を間に挟んでいます。このような大きな水準間で特性値の変化が一様であることは稀で、交互作用が存在することになります。実験②では、2つの実験の中間で弱い交互作用がありそうです。

このように同じ因子を取り上げた場合でも、水準の取り方によって交互作用があったりなかったりします。ここでは水準間の大きさを変えた例を示していますが、水準の値を変えただけでも交互作用があったりなかったりします。

最初の実験で交互作用がなかったからといって、以降の実験でも交互作用がないという保証はありません。技術的に交互作用があると考えられる場合には、常に交互作用の可能性を考えておく必要があるでしょう。

5-2

消える要因効果

要因効果は水準間の違いが誤差に比べて大きいかどうかで判断されます。誤差は一定と考えられますから、水準間の違いが小さくなると要因効果は見えなくなります。

実験計画の繰返し

最適水準を見付けるには、水準設定を変えながら何回か実験をする必要があります。例えば、5-1節で②の実験をしたとしましょう。このとき、$A=70$、$B=70$が最適水準に選ばれます。これはあくまでも設定した4通りの水準組合わせの中で最適なものにすぎませんから、全体で最適な水準組合わせを見付けるためには、さらに実験をしなければなりません。

そこで、水準間隔を狭めて$A=70$、$B=70$の周辺で設定して、二元配置実験をします。これを繰り返していくと、次第に全体の最適水準に近付いていきます。

4回の実験計画の設定水準

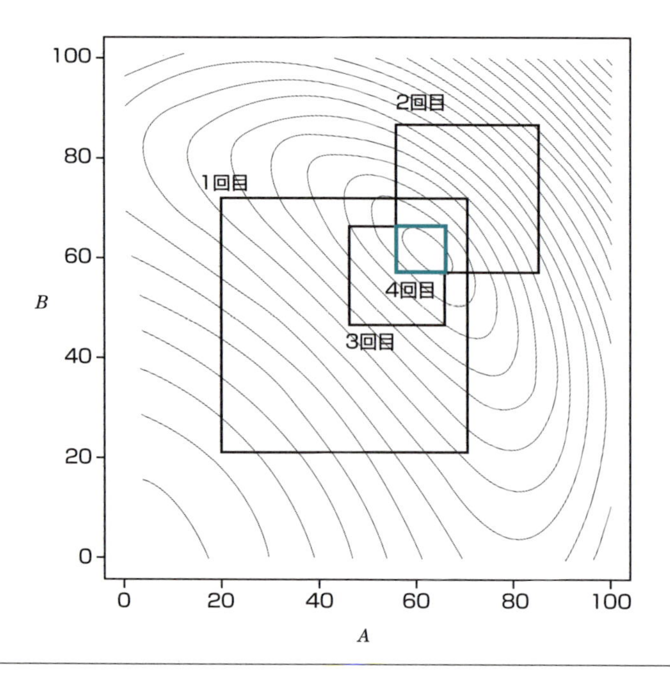

小さくなる要因効果

それぞれの実験では要因効果の有無を分散分析で検出します。主効果A、Bと交互作用の平均平方Vを表にまとめてあります。

最初の実験では水準間隔が大きく、最適水準をまたぐように取ってあるため、要因効果が大きく出ていません。2回目では2つの主効果が現れていますが、3回目になると平均平方Vの値が小さくなって、要因効果は有意にならなくなりました。4回目ではほとんど要因効果はありません。最適水準に近付いているはずなのに、要因効果がなくなるのはどうしてでしょうか。

4回の実験計画と要因効果の大きさ

	1回目	2回目	3回目	4回目
A_1, A_2	20, 70	55, 85	45, 65	55, 65
B_1, B_2	20, 70	55, 85	45, 65	55, 65
水準間隔	50	30	20	10
V_A	0.189	0.331	0.053	0.002
V_B	0.189	0.354	0.053	0.001
$V_{A\times B}$	0.076	0.038	0.022	0.016

最適水準での要因効果

急峻（きゅうしゅん）な山でも頂上付近では傾斜はなだらかになり、頂上では平らになっているはずです。最適水準の周辺では特性値の変化は大きくなく、同じような値を取ることが多いです。

そのため、最適水準の近くでは要因効果は大きく出てきません。実験に係る誤差はどこでも一定と仮定していますから、最適水準から外れているところでは要因効果が有意となっていても、最適水準の周辺では要因効果が誤差より小さくなって有意とならなくなります。

つまり、水準間の差は誤差より大きくないということから、このあたりが最適水準と考えることができます。もし、もっと正確に最適水準を知りたいのであれば、誤差をさらに小さくすることを考えなければなりません。

5-3

2水準か3水準か

実験を計画するには、取り上げた因子の水準数はいくつ設定するのがよいかも考えなければなりません。2水準と3水準で得られる情報はどう違うでしょうか。

2水準実験と3水準実験から得られる情報

水準をたくさん取ると、より多くの情報が得られます。しかし、実験回数も多くなります。そのため、実験の手間に見合うだけの情報が得られるかどうかを考える必要があります。

数量的な因子Aで50、100と2水準を取るか、間にもう1つ取って、50、75、100と3水準を取るかを考えてみましょう。

2水準を取る場合は、これらを比較するだけですから、小さいほう（A_1）がよいか、大きいほう（A_2）がよいかの2つから選ぶことになります。

もし、A_1（またはA_2）が最適であれば、次の実験ではもっと小さい（大きい）ほうに最適水準があるかもしれないと考えて、50（または100）の周辺に水準を取ることになるでしょう。

2水準実験

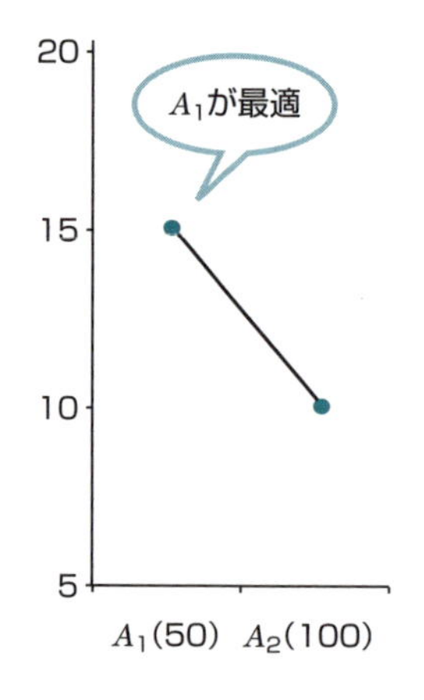

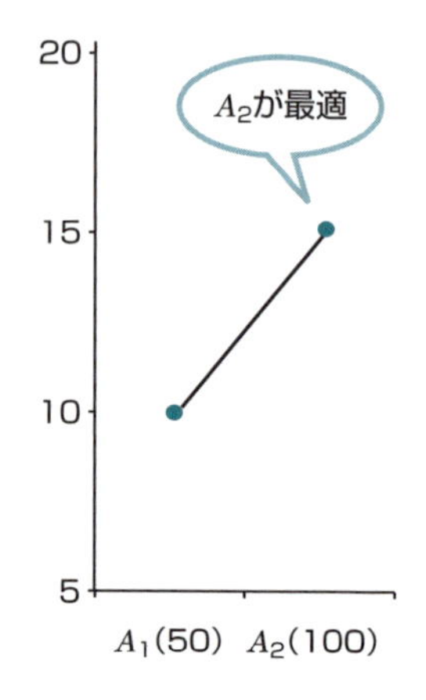

3水準実験から得られる情報

3水準を取る場合は、小さいほう（A_1）がよいか、中ほど（A_2）がよいか、大きいほう（A_3）がよいか、の3つから選ぶことになります。もし、A_2水準が最適となったら、中間に水準を取った意味が出てきます。

しかし、3水準実験でA_1（またはA_3）が最適となった場合、もっと小さい（大きい）ほうに最適水準があるのではないかと考えて、次の実験を計画することにしますから、その判断は2水準実験のときと同じになります。

A_1またはA_3で最適となる場合には、3水準を取らなくても、2水準で同じ情報を得ることができるので、1つの水準は実験しなくてもよかったことになります。

もちろん、この水準で実験することで得られる情報もありますから、まったく意味のない実験をしているのではありませんが、実験に見合うだけの情報が得られているとはいえないでしょう。

3水準実験

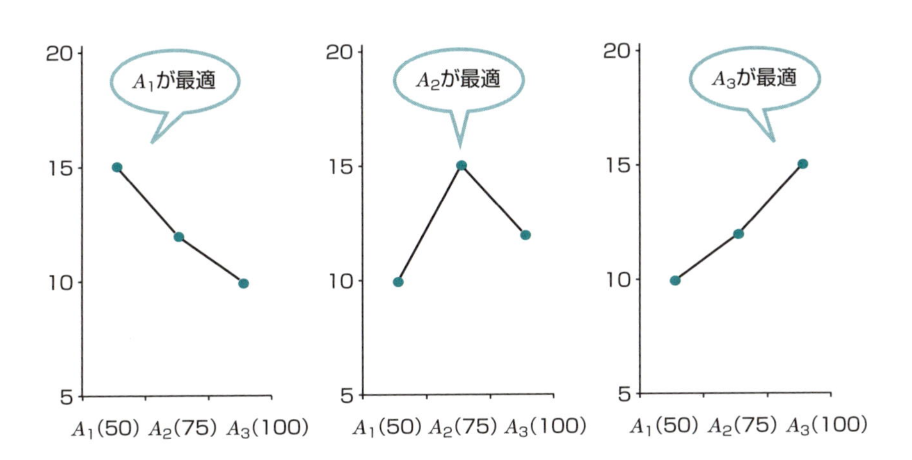

水準数の決め方

1因子のときには、2水準と3水準での実験回数の違いは1.5倍しかありませんが、2因子となると、水準組合わせは4通りと9通りで2.25倍、3因子では8通りと27通りとなり、3倍以上の違いが出てきます。

2因子でも、3水準実験を1回するより、2水準実験を2回するほうが実験回数は少なくて済みます。このとき、1回目の実験結果を見て2回目の実験を計画することができますから、最適水準の探索にも適しているといえます。

3水準に取るときは最適水準を挟むように取れればいいのですが、最適水準はわかっていませんから、そのように確実にすることはできません。

探索の初期段階では最適水準の見当は付きにくいですから、2水準に取って探索の方向を探り、最適水準がこのあたりではないかという見通しが立ったあとで、それを挟むように3水準を取るのがよいでしょう。

5-4 実験の大きさ

一度の実験で取り上げる因子や交互作用によって、実験の大きさが決まってきます。複数回の実験の組合わせで効率のよい実験を計画します。

必要な直交配列表

直交配列表の大きさは取り上げる要因の数によって決まります。主効果4つと交互作用2つを取り上げるなら、L_8を選ぶことができます。しかし、交互作用をもう1つ取り上げようとするとL_{16}を使わなければならず、実験回数は2倍になってしまいます。また、多水準法を使うときには、多水準因子やその交互作用の割付けに多くの列が必要となり、大きな直交配列表が必要となってきます。

実験を遂行するうえで、取り上げる因子の種類や数はある程度決まっているでしょうから、取り上げる交互作用を工夫することで実験の大きさを調整できます。

実験計画の繰返し

最適水準の探索は1回の実験で終わるものではなく、何回かの実験を計画します。可能性のある交互作用を一度に取り上げなくても、優先度に応じて取り上げる交互作用を選んでいくこともできます。

L_8では列が不足するのでL_{16}を用いなければならない場合に、取り上げる交互作用を2つに分けてL_8で2回実験を計画しても、実験回数は同じです。

実験を2回にすると、因子の設定水準を変更することもできますから、より柔軟に実験を計画することができます。

交互作用の割付けの工夫

要因は互いに交絡しないように割り付けます。たくさんの交互作用が存在する可能性がある場合には、交互作用を割り付ける列が不足してしまうので大きな直交配列表が必要となります。

しかし、まず主効果を見付けたい場合には、主効果が交互作用と交絡しないことを優先させ、交互作用同士は交絡させて実験を計画することがあります。

例えば、4つの因子を取り上げるとき、3つ以上の交互作用を考えるなら、L_8では列が不足します。このとき、割付け(i)では主効果と交互作用は交絡していませんので、4つの主効果を確認することができます。

交互作用は2つずつが交絡していますので、この実験でどの交互作用があるかはわかりませんが、もし、例えば、第[5]列の要因効果が見られなかったら、$A \times C$と$B \times D$はないと考えることができます。

また、例えば、第[3]列の要因効果が見られたら、次に計画するときには$A \times B$と$C \times D$が検出できるような割付けを考えます。

主効果と交互作用が交絡しない割付け (i)

	[1]	[2]	[3]	[4]	[5]	[6]	[7]
割付け	A	B	$A \times B$	C	$A \times C$	$A \times D$	D
			$C \times D$		$B \times D$	$B \times C$	
成分	A	B	AB	C	AC	BC	ABC

一方、割付け(ii)では、主効果と交互作用が交絡しているものがあります。$A \times C$、$A \times D$、$C \times D$の効果があるときには、交絡によって主効果の有無を確認することもできません。

主効果と交互作用が交絡する割付け (ii)

	[1]	[2]	[3]	[4]	[5]	[6]	[7]
割付け	A	B	$A \times B$	C	D	$B \times C$	$B \times D$
	$C \times D$			$A \times D$	$A \times C$		
成分	A	B	AB	C	AC	BC	ABC

因子の割付けの工夫

5つの因子を取り上げるとき、少なくともL_{16}が必要で、交互作用の取り方によってはL_{32}が必要になります。このとき、まず4つの因子だけを取り上げて、割付け(i)で実験をして効果のあった要因を見付け、次に残りの1つの因子を追加して実験を行うという方法もあります。L_8を2回行うことになります。

5-5
実験の効率化

乱塊法ではブロック因子を取り入れて局所管理をし、系統誤差を小さくします。実験環境を揃えるための有効な手段になります。

完全ランダマイズの難しさ

多くの実験をするときには、実験の順序は**完全ランダマイズ**が原則です。実験順序による偏りを排除するためにも完全ライダマイズが必要です。

要因配置実験で繰返しを2回する場合、ある水準で2回実験をしてから他の水準を実験するのでは、ランダマイズできているとはいえません。特に、直交配列表実験では実験番号が付いているため、この順番に実験をしてしまいそうですから注意が必要です。

実験の順序をランダムにすることは、実際には大変面倒です。最適な服装を決める問題では、1回ずつ帽子、メガネ、ネクタイ、ジャケットをすべて着替えなければなりません。しかし、ネクタイとジャケットをいちいち着替えるのは大変です。同じネクタイとジャケットの組合わせがあれば、そのときに指定された帽子やメガネを着替えることは、そんなに手間ではないので、これらの組合わせを続けたくなります。こうすると実験はより効率化されますが、ランダマイズできていることにはなりません。

ブロック因子の役割

実験回数が多くなると、何回かに分けたり、何人かで手分けしたりして実験することもあります。このとき、実験日や実験者、実験環境などの違いによる系統誤差が生じるかもしれません。局所管理の原則により、実験の場が均一になるように適切なサイズのブロックに分けて、その中でランダマイズすることを考えます。

実験全体をいくつかのブロック（塊）に分け、塊の中で実験順序をランダムに決める方法が**乱塊法**（らんかいほう）です。ブロックに分けるのに使われるのが**ブロック因子**で、実験日、作業者、ロットなどが用いられます。因子による効果のほかにブロックの違いによる効果も知ることができます。

乱塊法とは

ブロック因子によってブロックに分けて、その中で実験順序をランダムに決めます。例えば、4水準因子Aに対して繰返し3回の一元配置実験を考えます。

もし、3日に分けて実験をするとき、この実験順序に従って3日に分けると次の表になります。しかし、実験日によって4回の実験の水準が変わるので、水準と実験日による違いを区別できません。実験日による系統誤差を排除できません。

ブロック化されていない実験計画の例

水準	順序
A_1	⑨ ⑩ ⑪
A_2	① ⑧ ⑫
A_3	③ ④ ⑤
A_4	② ⑥ ⑦

1日目	2日目	3日目
A_2	A_3	A_1
A_4	A_4	A_1
A_3	A_4	A_1
A_3	A_2	A_2

これに対して、各実験日にすべての水準を1回ずつ実験することを考えます。実験日をブロックとして、各ブロックでは同じ実験をしていますから、実験日による違いは系統誤差として検出できます。因子Aの効果を知るための実験ですが、実験日というブロック因子を導入することで、ブロックの違いによる効果も同時に知ることができます。

しかし、ブロック因子は最適水準を設定することに意味はありません。ブロック因子が特性に与える影響を知ることで、取り上げた因子の効果を的確に知ることができるようになります。このような実験計画法を**乱塊法**といいます。

ブロック化された実験計画の例

水準	1日目	2日目	3日目
A_1	④	④	②
A_2	①	③	①
A_3	③	①	④
A_4	②	②	③

1日目	2日目	3日目
A_2	A_3	A_2
A_4	A_4	A_1
A_3	A_2	A_4
A_1	A_1	A_3

5-6
実験の分割

分割法では実験をいくつかの段階に分け、実験の効率化を図ります。実験回数が多くなるときには有効な手段になります。

分割法とは

実験順序をランダムにしていると、その都度すべての因子の水準を変更しないといけません。しかし、因子の中には水準変更が容易でないものもあります。焼結炉の温度などは、実験のたびに上げたり下げたりするのは時間もコストもかかりますから、同じ設定温度の実験をまとめて実施できると効率がよくなります。

また、実験をしたり製品を作ったりするとき、いくつかの段階を踏むことが多いです。例えば、まず原材料を混ぜて反応させ、次に添加剤を入れて加熱し、最後に成型するような場合です。

完全ランダマイズ実験では、設定された水準で原材料を混ぜて反応させ、添加剤を入れて加熱し、成型するという、一連の作業をそれぞれの実験ごとにしなければなりません。

多段階の実験計画

同じ作業があればまとめて実施するほうが効率的です。まず、同じ原材料のものをまとめて作り、それをいくつかに分けてそれぞれに添加剤を入れて加熱します。そして、さらにいくつかに分けてそれぞれの成型条件で成型するようにすると、原材料の調合や加熱をその都度することはありません。水準変更が容易でない因子があれば、その因子の水準を設定したら、残りの因子の水準について一通り実験したほうが効率よくできます。

このように実験をいくつかの段階に分け、各段階で実験順序をランダマイズして実験の効率化を図る方法を**分割法**といいます。そこでは、誤差のとらえ方がこれまでと異なります。多元配置実験になると実験回数も多くなるので、分割法が有効になります。

また、大きなサイズの直交配列表を用いた実験でも分割法は有効です。

繰返しと反復

実験の繰返しとは、単に測定を繰り返すだけではなく、水準設定をすることからやり直して実験を行うことをいいます。実験の順序は全体でランダマイズしますから、ある水準組合わせにおける2回目の実験が、他の水準組合わせにおける1回目の実験より先に行われることもあります。何回目にした実験かということに関する効果は考えません。

一方、**実験の反復**とは、一通りの実験を何回か繰り返すことです。まず、実験を一通り行い、これと同じ実験を繰り返します。ただし、実験の順序は各繰返しでランダマイズします。この場合、何回目にした実験かということに関する効果も考えることができます。

実験の繰返しと測定の繰返し

1つの実験で何回か測定して複数のデータを取ることがよくありますが、これは実験を繰り返しているのではなく、測定を繰り返しているだけです。

誤差には実験誤差と測定誤差がありますが、測定を繰り返すことで検出できるのが測定誤差です。測定の繰返しがないときは、実験誤差と測定誤差が合わさったものを誤差としています。

二元配置実験で交互作用を検出するには実験の繰返しが必要でしたが、測定の繰返しでは交互作用を検出することはできません。実験を繰り返しているのではないためです。

5-7 回帰分析との関連

直交配列表実験と重回帰分析には深い関係があります。要因効果の検定と回帰係数の検定は同じことを見ています。

重回帰分析による解析

2水準系直交配列表実験のデータは、各要因を説明変数として、**重回帰分析**を当てはめることができます。説明変数の値は設定した水準番号とします。

4-7節の数値例では、以下の重回帰モデル

$$y = a_0 + a_1x_A + a_2x_B + a_3x_C + a_4x_D + a_5x_{A\times B} + a_6x_{B\times C} + e$$

を立て、説明変数 x_A, x_B, x_C, x_D, $x_{A\times B}$, $x_{B\times C}$ には、水準の番号が入ります。

Excelの分析ツール*「回帰分析」を利用すると、回帰係数などを求めることができます。入力Xでは、直交配列表を要因の順番に並べ替えて、水準番号を入れます。

回帰分析の分析ツール

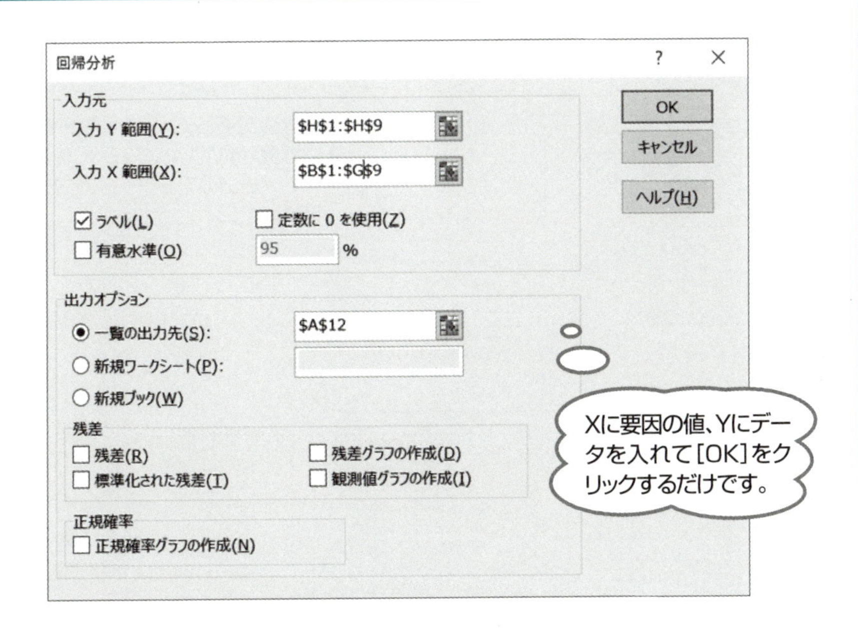

＊**分析ツール** 分析ツールが利用できない場合は、「ファイル」－「オプション」－「データ」で、「データ分析アドインを有効にする」にチェックを入れてください。

重回帰分析と直交配列表実験の関係

4-8節の分散分析表に出てくる数値と同じものが重回帰分析でも得られていることに注目してください。まず、有意判定に用いるF_0値は、各回帰係数のt値の2乗と一致します。下図のExcelシートではJ列にD列のt値の2乗を計算しています。そして有意確率はP値と一致しています。

回帰係数が0かどうかの検定はt検定で行われますが、これと分散分析のF検定は同じ検定をしています。また、プーリング後の誤差分散V_E = 1.25は、回帰分析では残差の分散として1.25が得られており、これも一致します。

回帰分析の出力結果

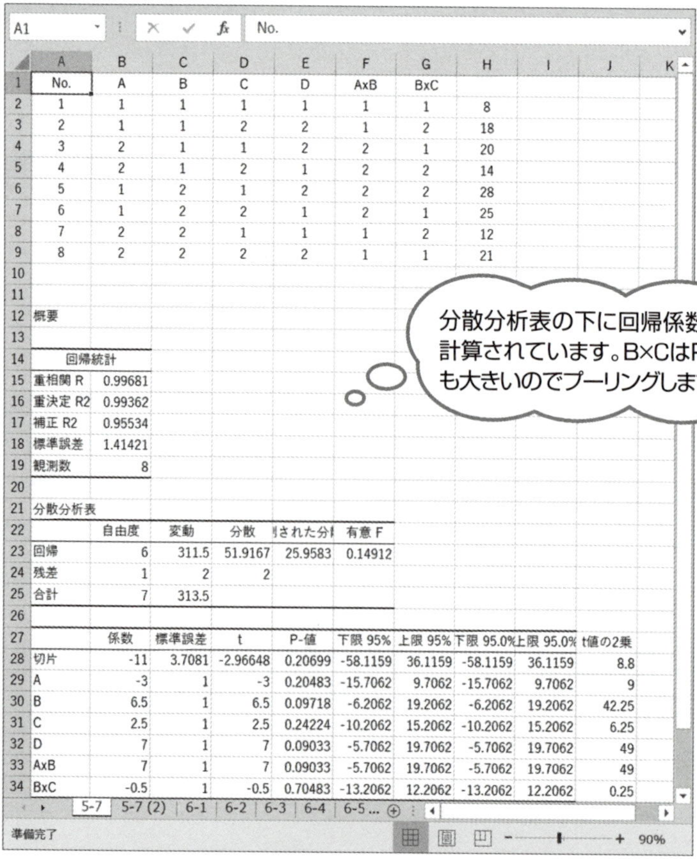

A1 No.

	A	B	C	D	E	F	G	H	I	J
1	No.	A	B	C	D	AxB	BxC			
2	1	1	1	1	1	1	1	8		
3	2	1	1	2	2	1	2	18		
4	3	2	1	1	2	2	1	20		
5	4	2	1	2	1	2	2	14		
6	5	1	2	1	2	2	2	28		
7	6	1	2	2	1	2	1	25		
8	7	2	2	1	1	1	2	12		
9	8	2	2	2	2	1	1	21		
10										
11										
12	概要									
13										
14	回帰統計									
15	重相関 R	0.99681								
16	重決定 R2	0.99362								
17	補正 R2	0.95534								
18	標準誤差	1.41421								
19	観測数	8								
20										
21	分散分析表									
22		自由度	変動	分散	された分	有意 F				
23	回帰	6	311.5	51.9167	25.9583	0.14912				
24	残差	1	2	2						
25	合計	7	313.5							
26										
27		係数	標準誤差	t	P-値	下限 95%	上限 95%	下限 95.0%	上限 95.0%	t値の2乗
28	切片	-11	3.7081	-2.96648	0.20699	-58.1159	36.1159	-58.1159	36.1159	8.8
29	A	-3	1	-3	0.20483	-15.7062	9.7062	-15.7062	9.7062	9
30	B	6.5	1	6.5	0.09718	-6.2062	19.2062	-6.2062	19.2062	42.25
31	C	2.5	1	2.5	0.24224	-10.2062	15.2062	-10.2062	15.2062	6.25
32	D	7	1	7	0.09033	-5.7062	19.7062	-5.7062	19.7062	49
33	AxB	7	1	7	0.09033	-5.7062	19.7062	-5.7062	19.7062	49
34	BxC	-0.5	1	-0.5	0.70483	-13.2062	12.2062	-13.2062	12.2062	0.25

5-7 5-7 (2) 6-1 6-2 6-3 6-4 6-5 ...

準備完了 90%

分散分析表の下に回帰係数が計算されています。B×CはP値も大きいのでプーリングします。

最適水準の見付け方

　回帰係数が正のものは水準2のほうが大きいことを示していますが、これは各要因を単独で見たときの結果です。

　重回帰分析における説明変数が独立であれば、回帰係数の符号によって最適水準を決めることができますが、交互作用は独立ではありませんから、符号からでは判断できません。どの水準組合わせが最適かは二元表から探すしかありません。

重回帰分析とプーリング

　重回帰分析では、変数選択によって効果がないと考えられる説明変数は回帰モデルから外します。そのときの基準はプーリングの基準と同じです。

プーリング後の回帰分析の出力結果

A1　No.

No.	A	B	C	D	AxB	
1	1	1	1	1	1	8
2	1	1	2	2	1	18
3	2	1	1	2	2	20
4	2	1	2	1	2	14
5	1	2	1	2	2	28
6	1	2	2	1	2	25
7	2	2	1	1	1	12
8	2	2	2	2	1	21

概要

回帰統計	
重相関 R	0.996
重決定 R2	0.99203
補正 R2	0.97209
標準誤差	1.11803
観測数	8

分散分析表

	自由度	変動	分散	された分	有意 F
回帰	5	311	62.2	49.76	0.01982
残差	2	2.5	1.25		
合計	7	313.5			

	係数	標準誤差	t	P-値	下限 95%	上限 95%	下限 95.0%	上限 95.0%	t値の2乗
切片	-11.75	2.68095	-4.38277	0.04832	-23.2852	-0.2148	-23.2852	-0.2148	19.2087
A	-3	0.79057	-3.79473	0.06296	-6.40155	0.40155	-6.40155	0.40155	14.4
B	6.5	0.79057	8.22192	0.01447	3.09845	9.90155	3.09845	9.90155	67.6
C	2.5	0.79057	3.16228	0.08713	-0.90155	5.90155	-0.90155	5.90155	10
D	7	0.79057	8.85438	0.01252	3.59845	10.4015	3.59845	10.4015	78.4
AxB	7	0.79057	8.85438	0.01252	3.59845	10.4015	3.59845	10.4015	78.4

5-7　5-7 (2)　6-1　6-2　6-3　6-4　6-5…

準備完了　90%

B×Cをプーリングしました。残差の分散が1.25になっています。

平方和の分解

一元配置実験で、因子 A を l 水準で取って、繰返し r 回の実験をしました。総平方和は、要因 A によるばらつきの平方和（要因平方和 S_A）と誤差ばらつきの平方和（誤差平方和 S_E）に分解できます。

$$\sum_{i=1}^{l}\sum_{j=1}^{r}(x_{ij}-\overline{x})^2=\sum_{i=1}^{l}r(\overline{x}_i-\overline{x})^2+\sum_{i=1}^{l}\sum_{j=1}^{r}(x_{ij}-\overline{x}_i)^2$$

S_T（総平方和） ＝ S_A（要因平方和） ＋ S_E（誤差平方和）

二元配置実験で、因子 A を l 水準、因子 B を m 水準で取って、繰返し r 回の実験をしました。一元配置と同じように、総平方和 S_T は、要因 A と B によるばらつきの平方和 S_{AB} と誤差ばらつきの平方和 S_E に分解できます。

$$\sum_{i=1}^{l}\sum_{j=1}^{m}\sum_{k=1}^{r}(x_{ijk}-\overline{x})^2=r\sum_{i=1}^{l}\sum_{j=1}^{m}(\overline{x}_{ij\bullet}-\overline{x})^2+\sum_{i=1}^{l}\sum_{j=1}^{m}\sum_{k=1}^{r}(x_{ijk}-\overline{x}_{ij\bullet})^2$$

S_T（総平方和） ＝ S_{AB}（要因平方和） ＋ S_E（誤差平方和）

A と B の２つの因子による要因には、それぞれの主効果とそれらの交互作用がありますから、要因平方和 S_{AB} は、要因 A の平方和 S_A と要因 B の平方和 S_B、そして A と B の交互作用の平方和 $S_{A\times B}$ の３つに分解されます。

$$r\sum_{i=1}^{l}\sum_{j=1}^{m}(\overline{x}_{ij\bullet}-\overline{x})^2=mr\sum_{i=1}^{l}(\overline{x}_{i\bullet\bullet}-\overline{x})^2+lr\sum_{i=1}^{l}(\overline{x}_{\bullet j\bullet}-\overline{x})^2+r\sum_{i=1}^{l}\sum_{j=1}^{m}(\overline{x}_{ij\bullet}-\overline{x}_{i\bullet\bullet}-\overline{x}_{\bullet j\bullet}+\overline{x})^2$$

S_{AB}　S_A（主効果 A）　S_B（主効果 B）　$S_{A\times B}$（交互作用 $A\times B$）

以上をまとめると、総平方和は４つの平方和に分解されます。

$$S_T=S_A+S_B+S_{A\times B}+S_E$$

第6章

Excelで実験計画法

これまでに紹介した実験計画法の解析をExcelで行います。マクロなどの特別なプログラムは使わないで、Excelの持っている関数やツールを利用して、ワークシートを電卓の代わりに使うことで、手軽に実験計画法を使うことができます。

6-1

統計量の計算

Excelには標準的な統計計算のための関数が備わっています。それらを上手に利用することで、電卓のように簡単に使いこなせるようになります。

Excelには多くの関数が組み込まれています。これらを活用するとマクロを組まなくても、統計計算ができます。よく用いられる関数をまとめておきます。

統計量を求めるためのExcel関数

統計量	関数名
データ数	COUNT
合計	SUM
2乗和	SUMSQ
平均	AVERAGE
中央値	MEDIAN

統計量	関数名
平方和	DEVSQ
分散	VAR
標準偏差	STDEV
最大値	MAX
最小値	MIN

ある店で買ってきたミカンの重さを量りました。いろいろな統計量を計算してみましょう。

手順❶ データを入力します。[A1:C10]

手順❷ 求めようとする統計量の関数を直接入力します。

[B12]　=COUNT(A1:C10)：データ数
[B13]　=SUM(A1:C10)：合計
[B14]　=SUMSQ(A1:C10)：2乗和
[B15]　=AVERAGE(A1:C10)：平均
[B16]　=MEDIAN(A1:C10)：中央値（メディアン）
[B17]　=DEVSQ(A1:C10)：平方和
[B18]　=VAR(A1:C10)：分散
[B19]　=STDEV(A1:C10)：標準偏差
[B20]　=MAX(A1:C10)：最大値
[B21]　=MIN(A1:C10)：最小値

[B22]　=B20-B21：範囲

計算シートの例

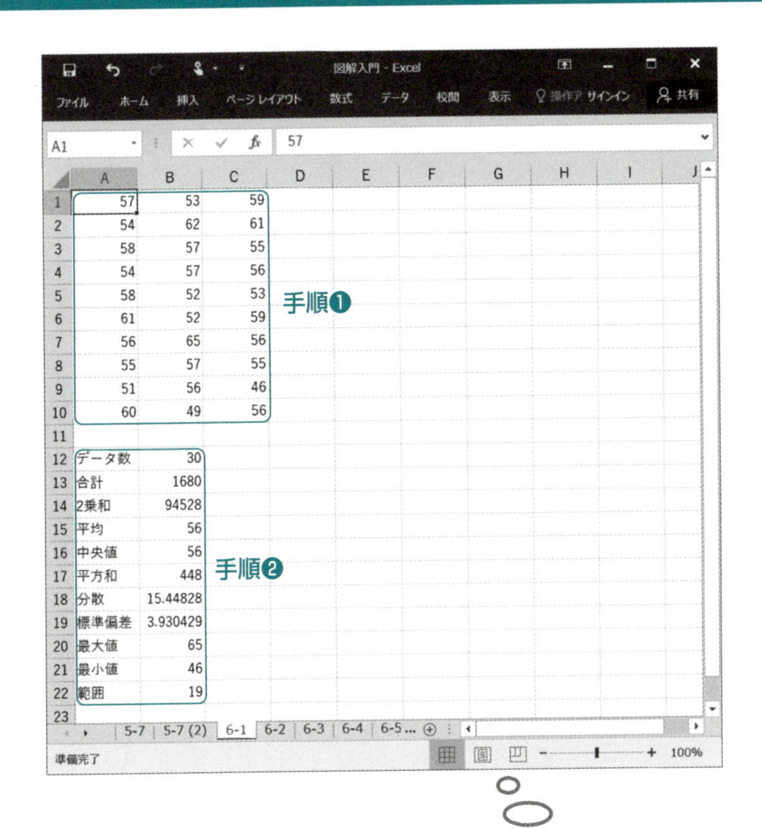

	A	B	C
1	57	53	59
2	54	62	61
3	58	57	55
4	54	57	56
5	58	52	53
6	61	52	59
7	56	65	56
8	55	57	55
9	51	56	46
10	60	49	56
11			
12	データ数	30	
13	合計	1680	
14	2乗和	94528	
15	平均	56	
16	中央値	56	
17	平方和	448	
18	分散	15.44828	
19	標準偏差	3.930429	
20	最大値	65	
21	最小値	46	
22	範囲	19	

データを入れて計算してみましょう。
データを入れ間違えても、修正すれば
統計量の値も自動的に計算されます。

これらの関数は、次ページのようにツールバーから呼び出すこともできます。

Excel関数の呼び出し方

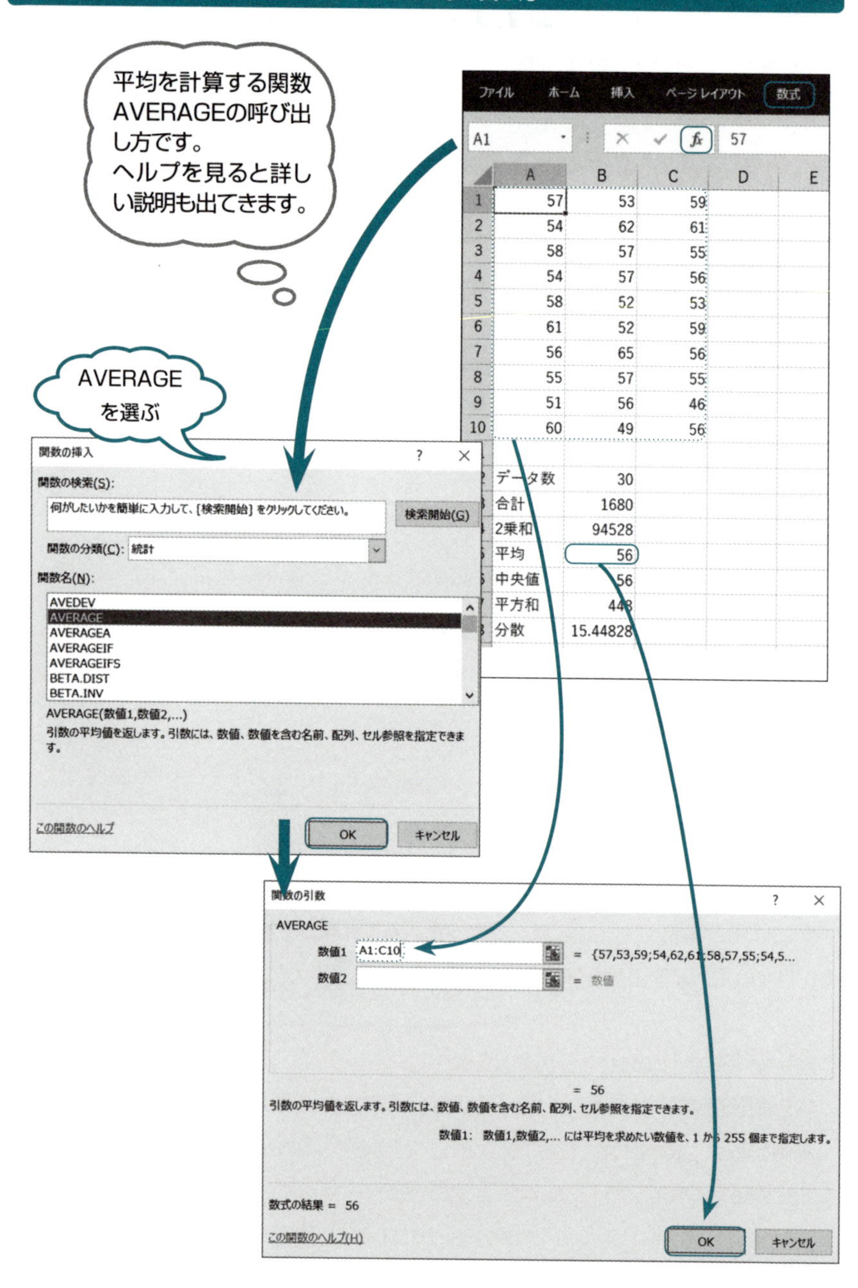

6-2 確率分布の計算

数値表にはいろいろな確率分布の値が出ていますが、Excelでは組込み関数から計算することができます。

確率変数Xがz以下の値を取る確率をPとするとき、値zを与えて確率Pを求める関数が「***.DIST」です。確率Pを与えて値zを求める関数が「***.INV」です。***には確率分布の名前が入ります。「.RT」を付けると右側確率に関する関数になるものもあります。

確率分布のためのExcel関数

確率分布		標準正規分布	カイ2乗分布	t分布	F分布
***		NORM.S	CHISQ	T	F
%点を計算	左側	NORM.S.INV	CHISQ.INV	T.INV	F.INV
	右側	-NORM.S.INV	CHISQ.INV.RT	-T.INV	F.INV.RT
確率を計算	左側	NORM.S.DIST	CHISQ.DIST	T.DIST	F.DIST
	右側	1-NORM.S.DIST	CHISQ.DIST.RT	T.DIST.RT	F.DIST.RT

標準正規分布

NORM.S.INV関数では、確率を指定すると%点が出てきます。NORM.S.DIST関数には値と関数形式を指定します。関数形式では、累積確率を求めるときは1あるいはTRUE、確率密度を求めるときは0あるいはFALSEを入れます。

左片側1%点：NORM.S.INV(0.01)

右片側5%点：-NORM.S.INV(0.05)　または　NORM.S.INV(0.95)

両側5%点：NORM.S.INV(0.025)　および　-NORM.S.INV(0.025)

左片側確率Pr(X<2.5)：NORM.S.DIST(2.5,1)

右片側確率Pr(X>1.5)：1-NORM.S.DIST(1.5,1)

両側確率 $Pr(|X|>2.0)$：2*(1-NORM.S.DIST(2.0,1))

一般の正規分布のときは、***にはNORMが入り、引数として平均と標準偏差を指定します。例えば、平均50、標準偏差10の正規分布では次のとおりです。

左片側1%点：NORM.INV(0.01,50,10)
右片側5%点：NORM.INV(0.95,50,10)
両側5%点　：NORM.INV(0.025,50,10)　および
　　　　　　NORM.INV(0.975,50,10)
左片側確率 $Pr(X<30)$：NORM.DIST(30,50,10,1)
右片側確率 $Pr(X>65)$：1-NORM.DIST(65,50,10,1)
両側確率 $Pr(|X-50|>20)$：NORM.DIST(30,50,10,1)+
　　　　　　　　　　　　　1-NORM.DIST(70,50,10,1)

一般の正規分布は標準正規分布に変換してから計算することが多いので、標準正規分布での計算法を理解しておくと便利です。

カイ2乗分布

引数に自由度が必要となります。CHISQ.INV関数で指定する確率は片側確率で、左片側%点が求められます。CHISQ.INV.RT関数では右片側%点が求められます。CHISQ.DIST関数では関数形式を指定しなければなりません。例えば、自由度4のカイ2乗分布では次のとおりです。

左片側1%点：CHISQ.INV(0.01,4)
右片側5%点：CHISQ.INV.RT(0.05,4)
両側5%点　：CHISQ.INV(0.025,4)　および　CHISQ.INV.RT(0.025,4)
左片側確率 $Pr(\chi^2<2.5)$：CHISQ.DIST(2.5,4,1)
右片側確率 $Pr(\chi^2>1.5)$：CHISQ.DIST.RT(1.5,4)

t分布

引数に自由度が必要となります。T.INV関数で指定する確率は片側確率で、左片側%点が求められます。右片側%点は符号を変えて求めます。T.INV.2T関数では両側%点が求められます。T.DIST関数では関数形式を指定して左片側確率を求めます。右片側確率を求めるT.DIST.RT関数と両側確率を求めるT.DIST.2T関数もあります。例えば、自由度9のt分布では、次のとおりです。

左片側1%点：T.INV(0.01,9)
右片側5%点：-T.INV(0.05,9)
両側5%点：-T.INV.2T(0.05,9)　および　T.INV.2T(0.05,9)
左片側確率$\Pr(t<2.5)$：T.DIST(2.5,9,1)
右片側確率$\Pr(t>1.5)$：T.DIST.RT(1.5,9)
両側確率$\Pr(|t|>2.0)$：T.DIST.2T(2,9)

F分布

引数に2つの自由度が必要となります。F.INV関数で指定する確率は片側確率で、左片側%点が求められます。F.INV.RT関数では右片側%点が求められます。F.DIST関数では関数形式を指定して左片側確率を求めます。右片側確率を求めるF.DIST.RT関数もあります。例えば、自由度9, 11のF分布では次のとおりです。

左片側1%点：F.INV(0.01,9,11)
右片側5%点：F.INV.RT(0.05,9,11)
両側5%点：F.INV(0.025,9,11)　および　F.INV.RT(0.025,9,11)
左片側確率$\Pr(F<2.5)$：F.DIST(2.5,9,11,1)
右片側確率$\Pr(F>1.5)$：F.DIST.RT(1.5,9,11)

計算シートの例

<table>
<tr><th></th><th>A</th><th>B</th><th>C</th><th>D</th><th>E</th><th>F</th><th>G</th><th>H</th></tr>
<tr><td>1</td><td>標準正規分布 N(0,1)</td><td></td><td></td><td></td><td></td><td></td><td></td><td></td></tr>
<tr><td>2</td><td>左片側1%点</td><td>-2.32635</td><td></td><td></td><td></td><td></td><td></td><td></td></tr>
<tr><td>3</td><td>右片側5%点</td><td>1.644854</td><td></td><td></td><td></td><td></td><td></td><td></td></tr>
<tr><td>4</td><td>両側5%点</td><td>-1.95996</td><td>1.959964</td><td></td><td></td><td></td><td></td><td></td></tr>
<tr><td>5</td><td>左片側確率Pr(X<2.5)</td><td>0.99379</td><td></td><td></td><td></td><td></td><td></td><td></td></tr>
<tr><td>6</td><td>右片側確率Pr(X>1.5)</td><td>0.066807</td><td></td><td></td><td></td><td></td><td></td><td></td></tr>
<tr><td>7</td><td>両側確率Pr(|X|>2.0)</td><td>0.0455</td><td></td><td></td><td></td><td></td><td></td><td></td></tr>
<tr><td>8</td><td></td><td></td><td></td><td></td><td></td><td></td><td></td><td></td></tr>
<tr><td>9</td><td>正規分布 N(50,10^2)</td><td></td><td></td><td></td><td></td><td></td><td></td><td></td></tr>
<tr><td>10</td><td>左片側1%点</td><td>26.73652</td><td></td><td></td><td></td><td></td><td></td><td></td></tr>
<tr><td>11</td><td>右片側5%点</td><td>66.44854</td><td></td><td></td><td></td><td></td><td></td><td></td></tr>
<tr><td>12</td><td>両側5%点</td><td>30.40036</td><td>69.59964</td><td></td><td></td><td></td><td></td><td></td></tr>
<tr><td>13</td><td>左片側確率Pr(X<30)</td><td>0.02275</td><td></td><td></td><td></td><td></td><td></td><td></td></tr>
<tr><td>14</td><td>右片側確率Pr(X>65)</td><td>0.066807</td><td></td><td></td><td></td><td></td><td></td><td></td></tr>
<tr><td>15</td><td>両側確率Pr(|X-50|>20)</td><td>0.0455</td><td></td><td></td><td></td><td></td><td></td><td></td></tr>
<tr><td>16</td><td></td><td></td><td></td><td></td><td></td><td></td><td></td><td></td></tr>
<tr><td>17</td><td>カイ2乗分布　χ^2(4)</td><td></td><td></td><td></td><td></td><td></td><td></td><td></td></tr>
<tr><td>18</td><td>左片側1%点</td><td>0.297109</td><td></td><td></td><td></td><td></td><td></td><td></td></tr>
<tr><td>19</td><td>右片側5%点</td><td>9.487729</td><td></td><td></td><td></td><td></td><td></td><td></td></tr>
<tr><td>20</td><td>両側5%点</td><td>0.484419</td><td>11.14329</td><td></td><td></td><td></td><td></td><td></td></tr>
<tr><td>21</td><td>左片側確率Pr(χ^2<2.5)</td><td>0.355364</td><td></td><td></td><td></td><td></td><td></td><td></td></tr>
<tr><td>22</td><td>右片側確率Pr(χ^2>1.5)</td><td>0.826641</td><td></td><td></td><td></td><td></td><td></td><td></td></tr>
<tr><td>23</td><td></td><td></td><td></td><td></td><td></td><td></td><td></td><td></td></tr>
</table>

5-7 | 5-7 (2) | 6-1 | 6-2 | 6-3 | 6-4 | 6-5 ...

準備完了　100%

6-3

サンプルの確率計算

正規分布に従う母集団からサンプルを取り出したとき、その統計量に関する確率を計算することができます。

豆もちをたくさん作りました。1個の重さは、平均30(g)、分散$(10g)^2$の正規分布に従っているものとして、次の確率や値を求めてみましょう。

❶ 1つの豆もちが40gより小さい確率は？

$$\Pr(X < 40) = \Pr(Z < \frac{40-30}{10}) = 84.1\%$$

❷ 上側5%にある豆もちの重さは？

$$\Pr(Z < \frac{\square - 30}{10}) = 0.95 \text{ より、} \square = K(0.05) \times 10 + 30 = 46.4 \text{ g}$$

豆もち5つを袋に詰めることにしました。

❸ 5つの豆もちの平均が40gより小さい確率は？

$$\Pr(\bar{X} < 40) = \Pr(Z < \frac{40-30}{10/\sqrt{5}}) = 98.7\%$$

❹ 上側5%にある5つの豆もちの平均の重さは？

$$\Pr(Z < \frac{\square - 30}{10/\sqrt{5}}) = 0.95 \text{ より、} \square = K(0.05) \times 10/\sqrt{5} + 30 = 37.4$$

❺ 5つの豆もちの分散Vが$(15g)^2$より大きい確率は？

$$\Pr(V > 15^2) = \Pr(\frac{S}{5-1} > 15^2) = \Pr(\frac{S}{10^2} > \frac{15^2 \times 4}{10^2})$$
$$= \Pr(\chi^2 > \frac{15^2 \times 4}{10^2}) = 6.1\%$$

❻ 下側5%にある5つの豆もちの分散の大きさは？

$$\Pr(\chi^2 < \frac{\square \times 4}{10^2}) = 0.05 \text{ より、} \square = \chi^2(0.05) \times \frac{10^2}{4} = 4.2^2$$

❶ [B2] に平均
[B3] に標準偏差
[B4] =(40-B2)/B3
：標準化
[B5] =NORM.S.DIST(B4,1)

❷ [B8] =NORM.S.INV(1-0.05)
：上側5%点
[B9] =B8*B3+B2

❸ [B13] にサンプル数
[B14] に平均
[B15] =B3/SQRT(B13)
：標本平均の標準偏差
[B16] =(40-B14)/B15
：標準化
[B17] =NORM.S.DIST(B16,1)

❹ [B20] =NORM.S.INV(1-0.05)
：上側5%点
[B21] =B20*B15+B14

❺ [B24] に自由度
[B25] =15^2*B24/B3^2
：カイ2乗統計量
[B26] =CHISQ.DIST.RT(B25,B24)

❻ [B29] =CHISQ.INV(0.05,B24)
：下側5%点
[B30] =B29*B3^2/B24：分散
[B31] =SQRT(B30)：標準偏差

いろいろな分布の確率計算ができます。

計算シートの例

	A	B	C
1	①40gより小さい確率		
2	平均	30	
3	標準偏差	10	
4	z	1	
5		0.84134	
6			
7	②上側5%にある豆もち		
8	K(0.05)	1.64485	
9		46.4485	
10			
11			
12	③平均が40gより小さい確率		
13	サンプル数	5	
14	平均	30	
15	標準偏差	4.47214	
16	z	2.23607	
17		0.98733	
18			
19	④上側5%にある豆もちの平均		
20	K(0.05)	1.64485	
21		37.356	
22			
23	⑤分散が15^2より大きい確率		
24	自由度	4	
25	χ2	9	
26		0.0611	
27			
28	⑥下側5%にある豆もちの分散		
29	χ2(0.05)	0.71072	
30	V	17.7681	
31	標準偏差	4.21522	

6-4 母平均・母分散の検定と推定

母平均に関する仮説を検定し、母平均の信頼区間やデータの予測区間を求めます。また、母分散に関する検定と、母分散の信頼区間も求めます。

第2章に示したA店のミカンのデータを使って、母平均が50かどうかを検定し、母平均の信頼区間やデータの予測区間を求めます。また、母分散が4^2より小さいかどうかを検定し、信頼区間も求めます。

手順❶ データを入力します。[A1:A10]

手順❷ 基本統計量を計算します。

[D1] =COUNT(A1:A10)：データ数

[D2] =AVERAGE(A1:A10)：平均

[D3] =DEVSQ(A1:A10)：平方和

[D4] =VAR(A1:A10)：分散

手順❸ 母平均を検定するための仮説を設定し、検定統計量を計算します。

[D6] =50：検定する値

[D8] =(D2-D6)/SQRT(D4/D1)：検定統計量

手順❹ 判定をします。

[D10]=-T.INV(0.05,D1-1)：自由度$n-1$のt分布の片側5%点

[D11] =T.DIST.RT(D8,D1-1)：有意確率（P値）

手順❺ 母平均を推定します。

[D13] =D2：点推定値

[D14] =T.INV.2T(0.05,D1-1)：両側5%点

[D15] =D14*SQRT(D4/D1)：信頼区間の幅

[D16] =D13-D15：信頼区間の下限

[D17] =D13+D15：信頼区間の上限

手順❻ データを予測します。

[D19] =D2：点推定値

[D20] =D14*SQRT((1+1/D1)*D4)：予測区間の幅

[D21] =D19-D20：予測区間の下限

[D22] =D19+D20：予測区間の上限

手順❼ 母分散を検定するための仮説を設定し、検定統計量を計算します。

[G6] =10：検定する値

[G8] =D3/G6^2：検定統計量

手順❽ 判定をします。

[G10] =CHISQ.INV(0.05,D1-1)：自由度$n-1$のカイ2乗分布の左側5%点

[G11] =CHISQ.DIST(G8,D1-1,1)：有意確率（P値）

手順❾ 母分散を推定します。

[G13] =D4：点推定値

[G16] =D3/CHISQ.INV(0.975,D1-1)：信頼区間の下限

[G17] =D3/CHISQ.INV(0.025,D1-1)：信頼区間の上限

母平均の検定と推定の例

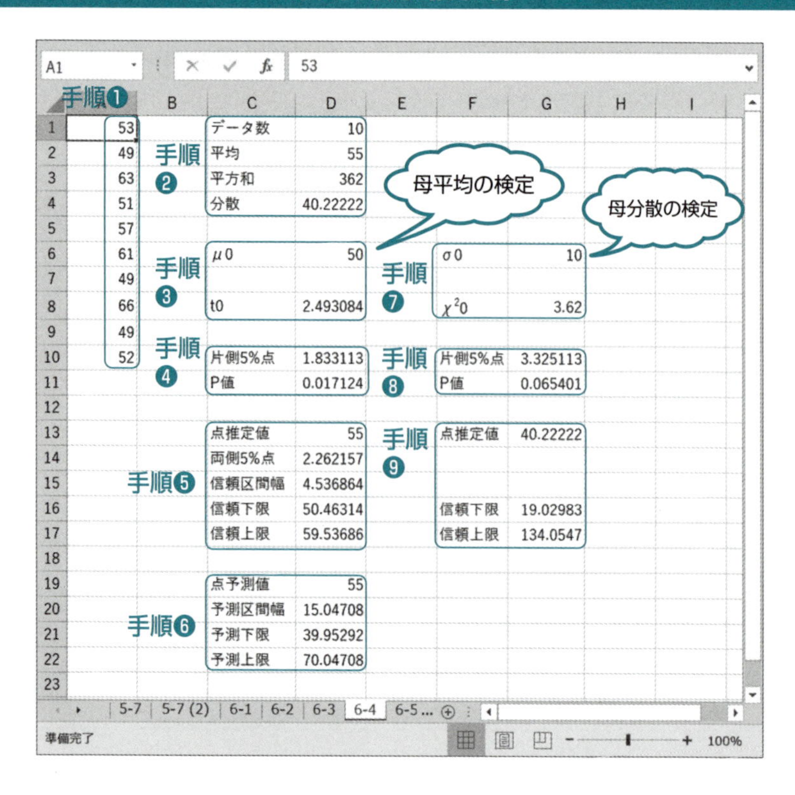

6-5
母平均の差の検定と推定

2つの母集団からそれぞれデータを取ってきたとき、2つの母平均が等しいかどうかを検定し、母平均の差の信頼区間を計算します。

第2章に示したMサイズとSサイズのミカンについて、Mサイズのほうが大きいといえるかどうかを検定し、母平均の差の信頼区間を計算してみましょう。

手順❶ データを入力します。データの追加等に対応できるように、データの範囲を少し大きめに取っておくといいでしょう。[B2:C13]

手順❷ それぞれの母集団の基本統計量を計算します。

[B15] =COUNT(B2:B13)：データ数

[B16] =AVERAGE(B2:B13)：平均

[B17] =DEVSQ(B2:B13)：平方和

[B18] =VAR(B2:B13)：分散

[B15:B18]をC列にコピーして、Sサイズのミカンについても計算します。

手順❸ 等分散かどうかを調べます。

[B20] =B18/C18：分散比を計算します。2以下なのでt検定をします。

[B21] =F.DIST.RT(B20,B15-1,C15-1)：P値

手順❹ 母平均の差を検定するための検定統計量を計算します。

[B23] =B15+C15-2：自由度n_1+n_2-2

[B24] =(B17+C17)/B23：合併分散

[B25] =(B16-C16)/SQRT((1/B15+1/C15)*B24)：検定統計量

手順❺ 判定をします。

[B27] =-T.INV(0.05,B23)：t分布の片側5%点

[B28] =T.DIST.RT(B25,B23)：有意となる確率（P値）

手順❻ 母平均を推定します。

[B30] =B16-C16：点推定値

[B31] =T.INV.2T(0.05,B23)：両側5%点

[B32] =B31*SQRT((1/B15+1/C15)*B24)：信頼区間の幅

[B33]　=B30-B32：信頼区間の下限

[B34]　=B30+B32：信頼区間の上限

母平均の差の検定と推定の例

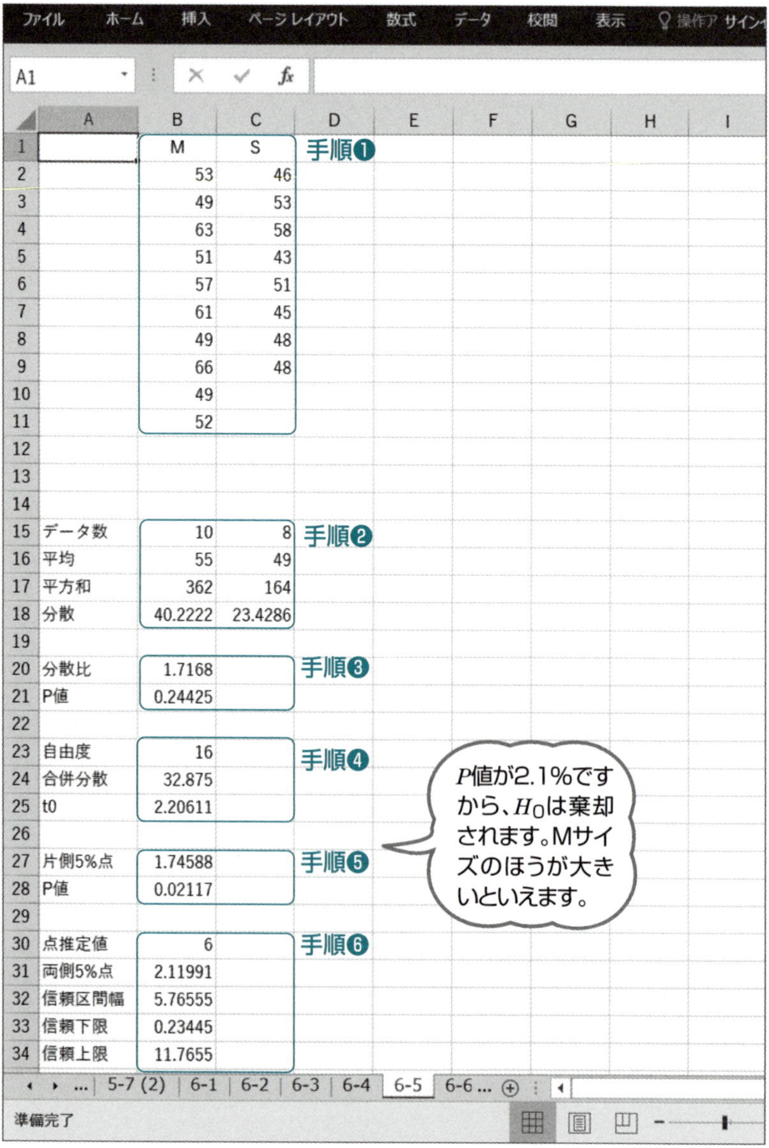

	A	B	C	D
1		M	S	手順❶
2		53	46	
3		49	53	
4		63	58	
5		51	43	
6		57	51	
7		61	45	
8		49	48	
9		66	48	
10		49		
11		52		
12				
13				
14				
15	データ数	10	8	手順❷
16	平均	55	49	
17	平方和	362	164	
18	分散	40.2222	23.4286	
19				
20	分散比	1.7168		手順❸
21	P値	0.24425		
22				
23	自由度	16		手順❹
24	合併分散	32.875		
25	t0	2.20611		
26				
27	片側5%点	1.74588		手順❺
28	P値	0.02117		
29				
30	点推定値	6		手順❻
31	両側5%点	2.11991		
32	信頼区間幅	5.76555		
33	信頼下限	0.23445		
34	信頼上限	11.7655		

6-6 対応のあるデータの検定と推定

データに対応があるとき、2つの母平均が等しいかどうかを検定し、母平均の差の信頼区間を計算します。

12個のミカンの重さを2つの秤A、Bで量り、両者に違いがあるかどうかを検定し、母平均の差を推定してみます。

手順❶ 対応があるときの母平均に差があるかどうかの検定をします。

まず、基本統計量を計算します。

[E2] =B2-C2：差を計算して、3〜13行にコピーします。

[E15:E18] 基本統計量を計算します。[B15:B18] をコピーすれば計算できます。

手順❷ 検定統計量を計算します。

[E23] =E15-1：自由度$n-1$

[E25] =E16/SQRT(E18/E15)：検定統計量

手順❸ 判定をします。

[E27] =T.INV.2T(0.05,E23)：両側5%点

[E28] =T.DIST.2T(E25,E23)：P値

手順❹ 母平均を推定します。

[E30] =E16：点推定値

[E31] =T.INV.2T(0.05,E23)：両側5%点

[E32] =E31*SQRT(E18/E15)：信頼区間の幅

[E33] =E30-E32：信頼区間の下限

[E34] =E30+E32：信頼区間の上限

対応のあるデータの検定と推定の例

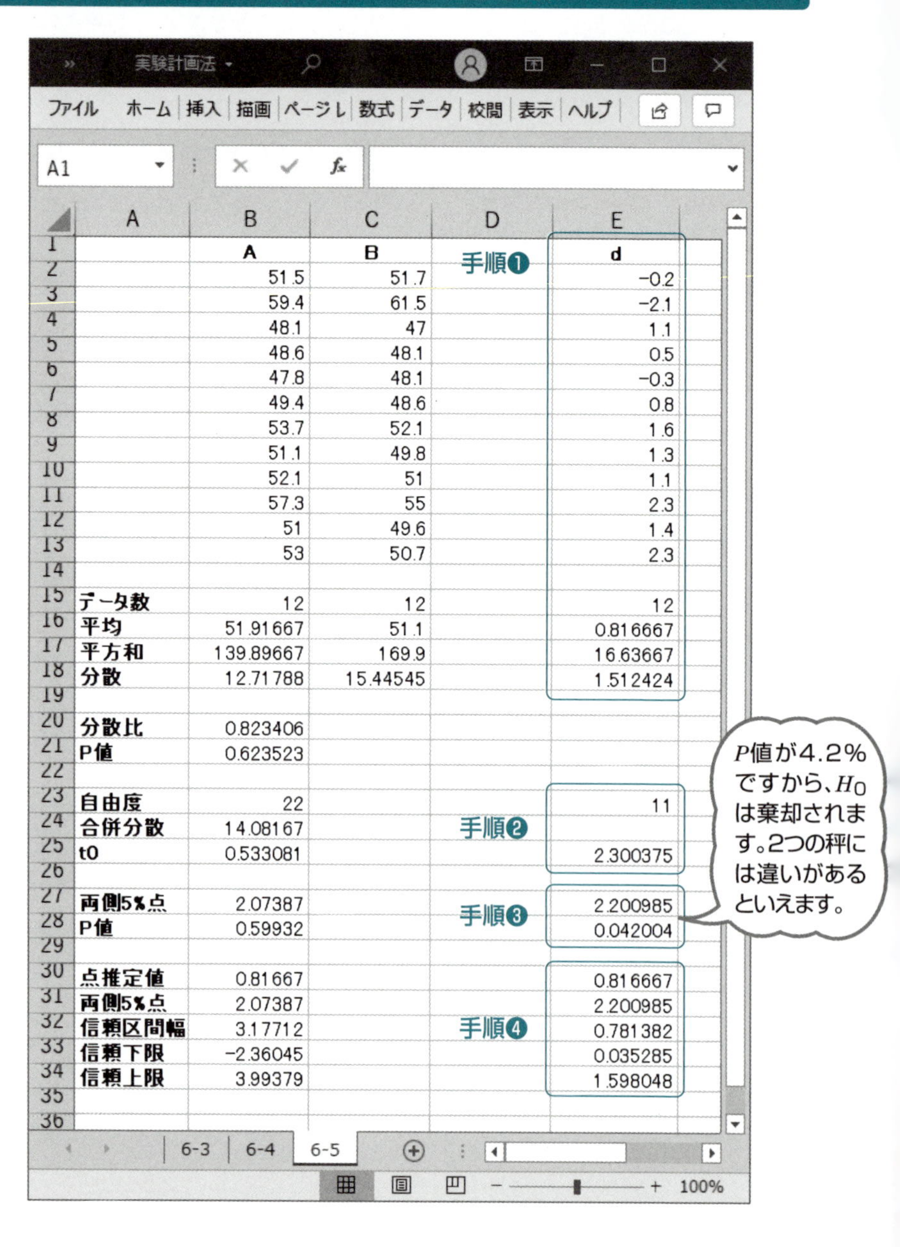

	A	B	C	D	E
1		A	B		d
2		51.5	51.7	手順❶	−0.2
3		59.4	61.5		−2.1
4		48.1	47		1.1
5		48.6	48.1		0.5
6		47.8	48.1		−0.3
7		49.4	48.6		0.8
8		53.7	52.1		1.6
9		51.1	49.8		1.3
10		52.1	51		1.1
11		57.3	55		2.3
12		51	49.6		1.4
13		53	50.7		2.3
14					
15	データ数	12	12		12
16	平均	51.91667	51.1		0.816667
17	平方和	139.89667	169.9		16.63667
18	分散	12.71788	15.44545		1.512424
19					
20	分散比	0.823406			
21	P値	0.623523			
22					
23	自由度	22			11
24	合併分散	14.08167		手順❷	
25	t0	0.533081			2.300375
26					
27	両側5%点	2.07387			2.200985
28	P値	0.59932		手順❸	0.042004
29					
30	点推定値	0.81667			0.816667
31	両側5%点	2.07387			2.200985
32	信頼区間幅	3.17712		手順❹	0.781382
33	信頼下限	−2.36045			0.035285
34	信頼上限	3.99379			1.598048
35					
36					

6-7

一元配置実験

一元配置実験における分散分析の解析です。最適水準における母平均の推定やデータの予測も行います。

3-4節の成型品の強度データをExcelで解析してみましょう。自分で統計量の計算式を入力して分散分析表を作ることで、分散分析の仕組みもわかるようになりますし、ちょっとした拡張もできるようになります。

手順❶ データを入力します。[B2:F4]

手順❷ 合計や平均など、基本的な統計量はあらかじめ計算しておきます。

[G2] =COUNT(B2:F2)：A_1水準のデータ数

[H2] =SUM(B2:F2)：A_1水準の合計

[I2] =AVERAGE(B2:F2)：A_1水準の平均

[G2:I2]を3行と4行にコピーして、A_2水準とA_3水準についても計算します。

[G5] =SUM(G2:G4)：総データ数

[H5] =SUM(H2:H4)：総和

[I5] =H5/G5：総平均

手順❸ 平方和を計算します。

[B8] =H5^2/G5：修正項

[B9] =SUMSQ(B2:F4)-B8：総平方和S_T

[B10] =H2^2/G2+H3^2/G3+H4^2/G4-B8：要因平方和S_A

繰返し数が等しいときは、=SUMSQ(H2:H4)/G2-B8とまとめられます。

[B11] =B9-B10：誤差平方和S_E

手順❹ 分散分析表にまとめます。

[B14] =B10

[B15] =B11

[B16] =B9

[C14] =COUNTA(A2:A4)-1

[C15] =C16-C14

```
[C16] =G5-1
```

[D14] =B14/C14：V_A

[D15] =B15/C15：V_E

[E14] =D14/D15：F_0値

[F14] =F.DIST.RT(E14,C14,C15)：有意確率P値

[G14] =F.INV.RT(0.05,C14,C15)：F分布の5%点

検定では、有意となる確率(P値)が有意水準より小さければ、あるいは、F_0値が5%点より大きければ、要因効果があると判断できます。

一元配置実験の解析シート

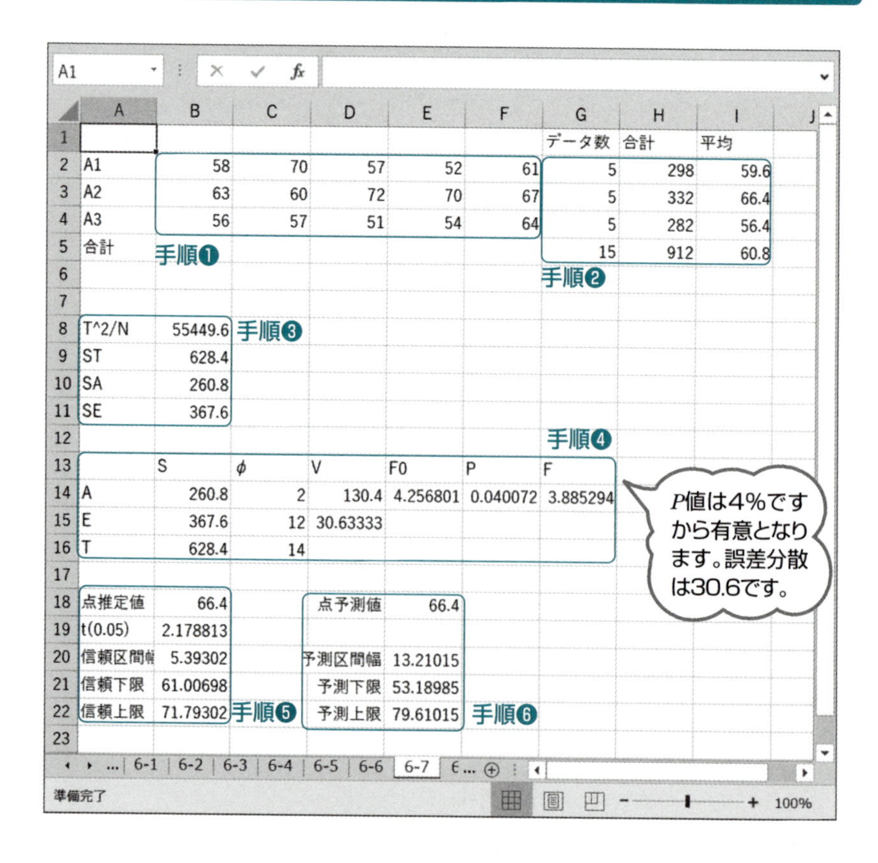

	A	B	C	D	E	F	G	H	I
1							データ数	合計	平均
2	A1	58	70	57	52	61	5	298	59.6
3	A2	63	60	72	70	67	5	332	66.4
4	A3	56	57	51	54	64	5	282	56.4
5	合計						15	912	60.8
6									
7									
8	T^2/N	55449.6							
9	ST	628.4							
10	SA	260.8							
11	SE	367.6							
12									
13		S	φ	V	F0	P	F		
14	A	260.8	2	130.4	4.256801	0.040072	3.885294		
15	E	367.6	12	30.63333					
16	T	628.4	14						
17									
18	点推定値	66.4		点予測値	66.4				
19	t(0.05)	2.178813							
20	信頼区間幅	5.39302		予測区間幅	13.21015				
21	信頼下限	61.00698		予測下限	53.18985				
22	信頼上限	71.79302		予測上限	79.61015				
23									

手順❺　母平均を推定します。

最大となる水準は、各水準を比較して、A_2水準となります。

[B18]　=I3：点推定値（A_2が最適水準になります。）

[B19]　=T.INV.2T(0.05,C15)：両側5%点

[B20]　=B19*SQRT(D15/G3)：信頼区間の幅

[B21]　=B18-B20：信頼区間の下限

[B22]　=B18+B20：信頼区間の上限

手順❻　データの値を予測します。

[E18]　=B18：点予測値

[E20]　=B19*SQRT((1+1/G3)*D15)：予測区間の幅

[E21]　=E18-E20：予測区間の下限

[E22]　=E18+E20：予測区間の上限

「分析ツール」による計算

Excelにはいくつかの統計計算がツールとして用意されています。これを利用すると、分散分析表を簡単に作ることができます。

手順❶　「データ」タブから「データ分析」を選ぶと「分析ツール」のボックスが現れます。「分散分析：一元配置」を選んでOKを押します。

分析ツールの呼出し

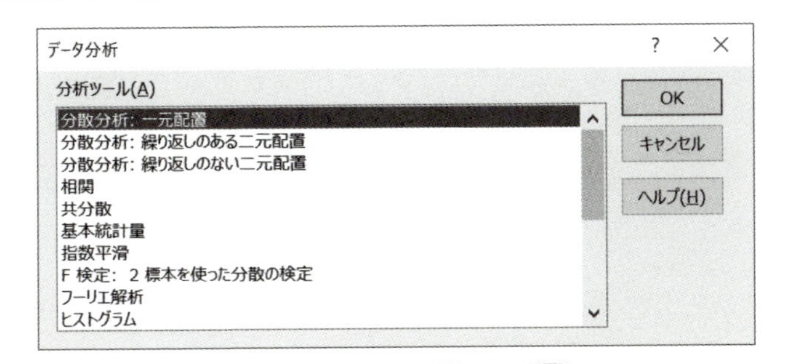

手順❷　計算のための条件を入れます。

・「入力範囲」をA2:F4として、データを指定します。

・「データ方向」は、データを横に並べていたら「行」、縦に並べていたら「列」になります。ここでは「行」になります。

・データの先頭列に水準名を入れていますから、☑を入れます。

・有意水準を0.05とします。

・「出力オプション」で結果の出力先を指定します。同じシートに出力する場合は、先頭のセルを指定します。ここではA7としています。別のワークシートやブックに出力することもできます。

分析ツールの入力画面

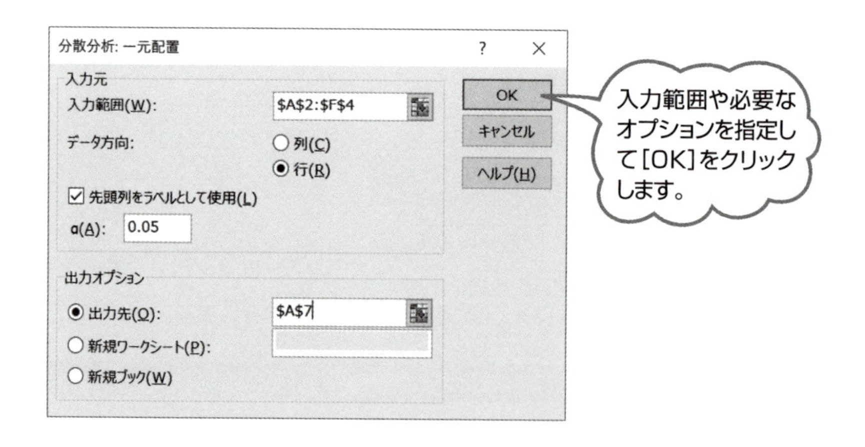

すべてを入力したら、OKを押します。

手順❸ 「概要」に基本統計量が計算されます。そして、分散分析表が表示されます。「グループ間」が要因、「グループ内」が誤差を表しています。「変動」は平方和、「分散」は平均平方、「観測された分散比」はF_0値のことです。適当な表現に読み替えてください。

出力結果のシート

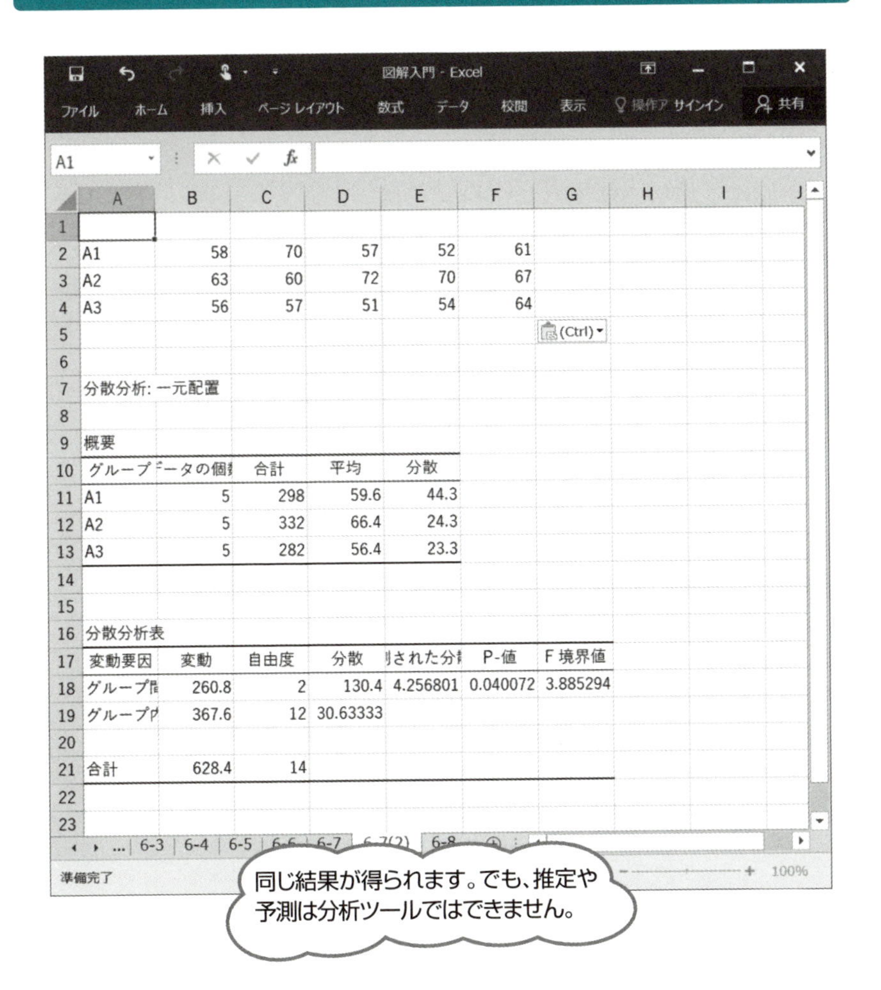

6-8

繰返しのある二元配置実験

繰返しのある二元配置実験における分散分析の解析です。主効果だけでなく交互作用も調べています。最適水準における母平均の推定やデータの予測も行います。

3-9節の繰返しのある二元配置実験のデータをExcelで解析してみましょう。

手順❶ データを入力し[B2:C7]、各水準の合計や平均など、基本的な統計量を計算します。

[D2] =SUM(B2:C3)：A_1水準の合計

[E2] =AVERAGE(B2:C3)：A_1水準の平均

[D2:E2]を4行と6行にコピーして、A_2水準とA_3水準についても計算します。

[B8] =SUM(B2:B7)：B_1水準の合計

[B9] =AVERAGE(B2:B7)：B_1水準の平均

[B8:B9]をC列にコピーして、B_2水準についても計算します。

[D8] =SUM(B2:C7)：総和

[E9] =AVERAGE(B2:F7)：総平均

手順❷ 二元表を作ります。

[H2] =B2+B3：A_1B_1水準の合計

[H3] =B4+B5：A_2B_1水準の合計

[H4] =B6+B7：A_3B_1水準の合計

[H2:H4]をI列にコピーして、B_2水準に関する合計も計算します。

手順❸ 平方和を計算します。

[B12] =D8^2/COUNT(B2:C7)：修正項

[B13] =SUMSQ(B2:C7)-B12：総平方和S_T

[B14] =SUMSQ(D2:D6)/4-B12：要因Aの平方和S_A

[B15] =SUMSQ(B8:C8)/6-B12：要因Bの平方和S_B

[B16] =SUMSQ(H2:I4)/2-B12：要因ABの平方和S_{AB}

[B17] =B16-B14-B15：交互作用$A \times B$の平方和$S_{A \times B}$

[B18] =B13-B14-B15-B17：誤差平方和S_E

手順❹ 分散分析表にまとめます。

[B21] =B14：主効果Aの平方和

[B22] =B15：主効果Bの平方和

[B23] =B17：交互作用$A \times B$の平方和

[B24] =B18：誤差平方和

[B25] =B13：総平方和

[C21] =COUNTA(A2:A7)-1：主効果Aの自由度

[C22] =COUNTA(B1:C1)-1：主効果Bの自由度

[C23] =C21*C22：交互作用$A \times B$の自由度

[C25] =COUNT(B2:C7)-1：総自由度

[C24] =C25-C21-C22-C23：誤差自由度

[D21] =B21/C21：主効果Aの平均平方

[D21]を22～24行にコピーして、Bと$A \times B$とEについても計算します。

[E21] =D21/D$24：主効果Aの$F_0$値

[F21] =F.DIST.RT(E21,C21,C$24)：主効果$A$の$P$値

[G21] =F.INV.RT(0.05,C21,C$24)：$F$分布の5%点

[E21:G21]を22～23行にコピーして、Bと$A \times B$について計算します。

手順❺ 最適水準を決めます。

主効果A,Bと交互作用$A \times B$が有意ですから、AB二元表から最適水準を決めます。最大となるのはA_1B_2の水準組合わせとなります。

手順❻ 点推定値、信頼区間を求めます。

[B27] =I2/2：点推定値（A_1B_2水準の平均）

[B28] =T.INV.2T(0.05,C24)：t分布の5%点

[B29] =1/2：有効反復数の逆数

[B30] =B28*SQRT(D24*B29)：信頼区間の幅

[B31] =B27-B30：信頼区間の下限

[B32] =B27+B30：信頼区間の上限

手順❼ 予測値と予測区間を求めます。

[E27] =B27：点予測値

[E30] =B28*SQRT((1+B29)*D24)：予測区間の幅

[E31] =E27-E30：予測区間の下限

[E32] =E27+E30：予測区間の上限

繰返しのある二元配置実験の解析シート

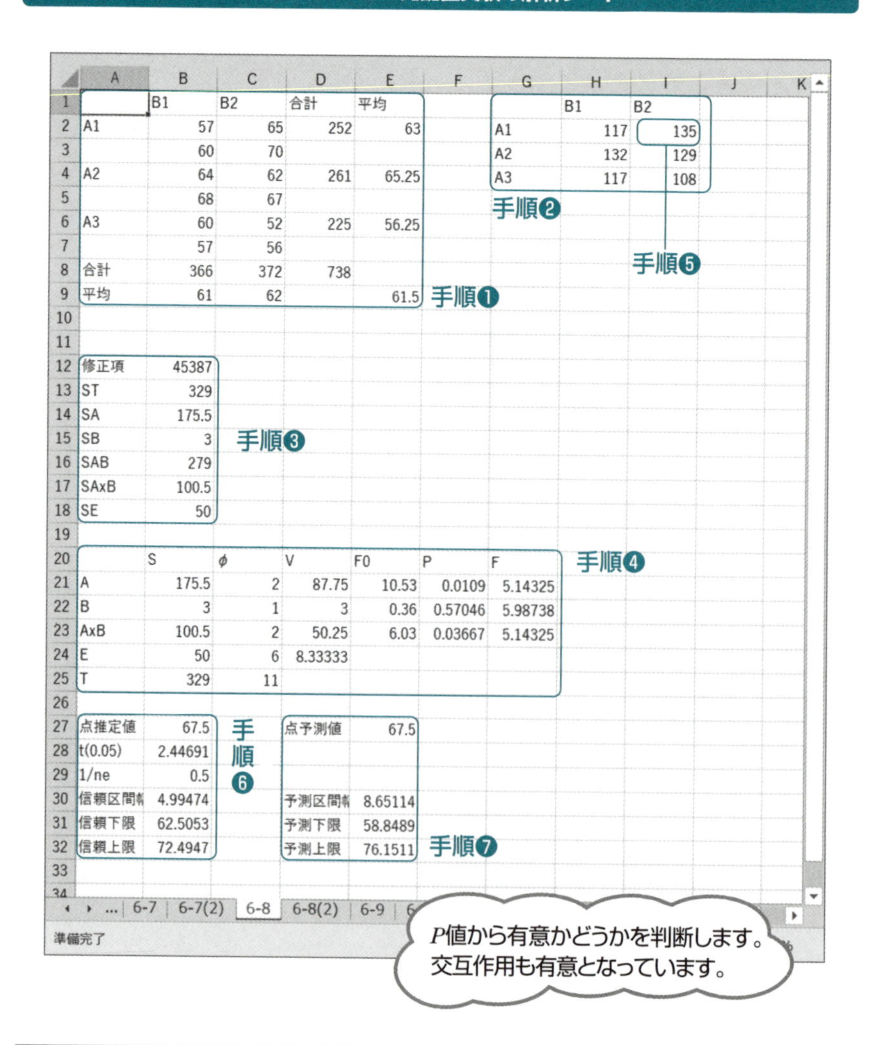

	B1	B2	合計	平均
A1	57	65	252	63
	60	70		
A2	64	62	261	65.25
	68	67		
A3	60	52	225	56.25
	57	56		
合計	366	372	738	
平均	61	62		61.5

	B1	B2
A1	117	135
A2	132	129
A3	117	108

修正項	45387
ST	329
SA	175.5
SB	3
SAB	279
SAxB	100.5
SE	50

	S	φ	V	F0	P	F
A	175.5	2	87.75	10.53	0.0109	5.14325
B	3	1	3	0.36	0.57046	5.98738
AxB	100.5	2	50.25	6.03	0.03667	5.14325
E	50	6	8.33333			
T	329	11				

点推定値	67.5
t(0.05)	2.44691
1/ne	0.5
信頼区間幅	4.99474
信頼下限	62.5053
信頼上限	72.4947

点予測値	67.5
予測区間幅	8.65114
予測下限	58.8489
予測上限	76.1511

「分析ツール」による計算

手順❶　「分析ツール」の「分散分析：繰り返しのある二元配置」を選びます。

手順❷　計算のための条件を入れます。

「入力範囲」をA1:C7としてデータを指定します。

「1標本あたりの行数」には繰返し数の2を入力します。

有意水準を0.05とします。

「出力オプション」で結果の出力先を指定します。「新規ワークシート」を選ぶと、新しいシートに結果が出力されます。

分析ツールの入力画面

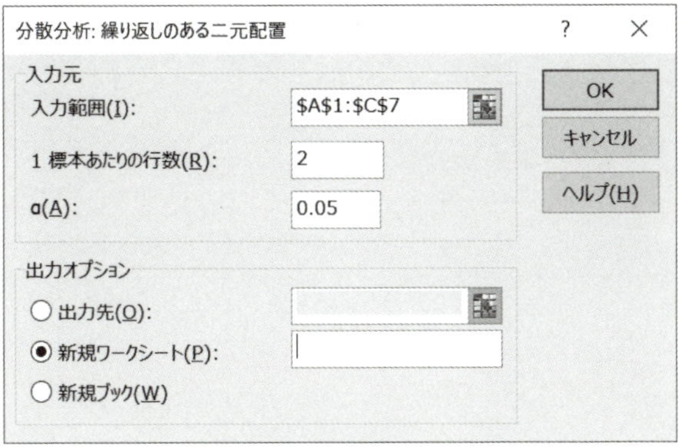

分散分析: 繰り返しのある二元配置　?　×

入力元

入力範囲(I):　$A$1:$C$7

1 標本あたりの行数(R):　2

α(A):　0.05

OK

キャンセル

ヘルプ(H)

出力オプション

○ 出力先(O):

◉ 新規ワークシート(P):

○ 新規ブック(W)

繰返しデータの入力の仕方に
注意してください。

手順❸　「概要」に基本統計量が計算され、分散分析表が表示されます。

「標本」が要因A、「列」が要因B、「繰り返し誤差」が誤差を表しています。

出力結果のシート

図解入門 - Excel

ファイル ホーム 挿入 ページレイアウト 数式 データ 校閲 表示 操作ア

A1 | fx 分散分析: 繰り返しのある二元配置

	A	B	C	D	E	F	G
1	分散分析: 繰り返しのある二元配置						
2							
3	概要	B1	B2	合計			
4	A1						
5	データの個	2	2	4			
6	合計	117	135	252			
7	平均	58.5	67.5	63			
8	分散	4.5	12.5	32.6667			
9							
10	A2						
11	データの個	2	2	4			
12	合計	132	129	261			
13	平均	66	64.5	65.25			
14	分散	8	12.5	7.58333			
15							
16	A3						
17	データの個	2	2	4			
18	合計	117	108	225			
19	平均	58.5	54	56.25			
20	分散	4.5	8	10.9167			
21							
22	合計						
23	データの個	6	6				
24	合計	366	372				
25	平均	61	62				
26	分散	18.4	46.8				
27							
28							
29	分散分析表						
30	変動要因	変動	自由度	分散	された分	P-値	F 境界値
31	標本	175.5	2	87.75	10.53	0.0109	5.14325
32	列	3	1	3	0.36	0.57046	5.98738
33	交互作用	100.5	2	50.25	6.03	0.03667	5.14325
34	繰り返し誤	50	6	8.33333			
35							
36	合計	329	11				
37							

同じ結果が得られています。変動要因にある表示は適切なものに読み替えてください。

6-9 繰返しのない二元配置実験

繰返しのない二元配置実験における分散分析の解析です。交互作用はないものとしています。最適水準における母平均の推定やデータの予測も行います。

3-14節のデータをExcelで解析してみましょう。自分で直接計算式をシートに入力する方法です。

手順❶ データを入力し[B2:C4]、各水準の合計や平均など基本的な統計量を計算します。

[D2]　=SUM(B2:C2)：A_1水準の合計

[E2]　=AVERAGE(B2:C2)：A_1水準の平均

[D2:E2]を3行と4行にコピーして、A_2水準とA_3水準についても計算します。

[B5]　=SUM(B2:B4)：B_1水準の合計

[B6]　=AVERAGE(B2:B4)：B_1水準の平均

[B5:B6]をC列にコピーして、B_2水準についても計算します。

[D5]　=SUM(B2:C4)：総和

[E6]　=AVERAGE(B2:C4)：総平均

手順❷ 平方和を計算します。

[B8]　=D5^2/COUNT(B2:C4)：修正項

[B9]　=SUMSQ(B2:C4)-B8：総平方和S_T

[B10]　=SUMSQ(D2:D4)/2-B8：要因Aの平方和S_A

[B11]　=SUMSQ(B5:C5)/3-B8：要因Bの平方和S_B

[B12]　=B9-B10-B11：誤差平方和S_E

手順❸ 分散分析表にまとめます。

[B15]　=B10：主効果Aの平方和

[B16]　=B11：主効果Bの平方和

[B17]　=B12：誤差平方和

[B18]　=B9：総平方和

[C15]　=COUNTA(A2:A4)-1：主効果Aの自由度

[C16] =COUNTA(B1:C1)-1：主効果Bの自由度

[C18] =COUNT(B2:C4)-1：総自由度

[C17] =C18-C15-C16：誤差自由度

[D15] =B15/C15：主効果Aの平均平方

[D15]を16〜17行にコピーして、BとEについても計算します。

[E15] =D15/D$17：主効果$A$の$F_0$値

[F15] =F.DIST.RT(E15,C15,C$17)：主効果$A$の$P$値

[G15] =F.INV.RT(0.05,C15,C$17)：$F$分布の5%点

[E15:G15]を16行にコピーして、Bについても計算します。

手順❹ 最適水準を決めます。

交互作用$A \times B$がありませんから、因子ごとに最適水準を決めます。

因子AではA_2水準、因子BではB_2水準で最大となっています。

手順❺ 点推定値、信頼区間を求めます。

[B20] =D3/2+C5/3-D5/6：点推定値（A_2B_2水準の平均）

[B21] =T.INV.2T(0.05,C17)：t分布の5%点

[B22] =1/2+1/3-1/6：有効反復数の逆数

[B23] =B21*SQRT(D17*B22)：信頼区間の幅

[B24] =B20-B23：信頼区間の下限

[B25] =B20+B23：信頼区間の上限

手順❻ 予測値と予測区間を求めます。

[E20] =B20：点予測値

[E23] =B21*SQRT((1+B22)*D17)：予測区間の幅

[E24] =E20-E23：予測区間の下限

[E25] =E20+E23：予測区間の上限

繰返しのない二元配置実験の解析シート

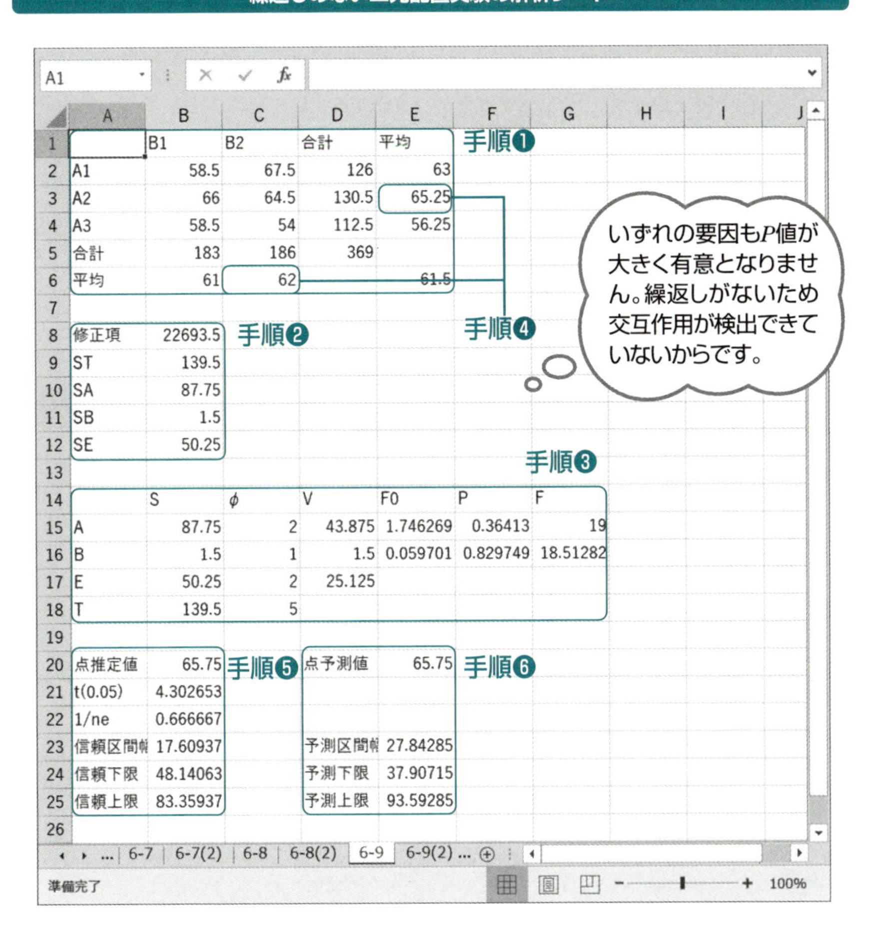

	A	B	C	D	E	F	G
1		B1	B2	合計	平均		
2	A1	58.5	67.5	126	63		
3	A2	66	64.5	130.5	65.25		
4	A3	58.5	54	112.5	56.25		
5	合計	183	186	369			
6	平均	61	62		61.5		
7							
8	修正項	22693.5					
9	ST	139.5					
10	SA	87.75					
11	SB	1.5					
12	SE	50.25					
13							
14		S	φ	V	F0	P	F
15	A	87.75	2	43.875	1.746269	0.36413	19
16	B	1.5	1	1.5	0.059701	0.829749	18.51282
17	E	50.25	2	25.125			
18	T	139.5	5				
19							
20	点推定値	65.75		点予測値	65.75		
21	t(0.05)	4.302653					
22	1/ne	0.666667					
23	信頼区間幅	17.60937		予測区間幅	27.84285		
24	信頼下限	48.14063		予測下限	37.90715		
25	信頼上限	83.35937		予測上限	93.59285		
26							

「分析ツール」による計算

手順❶ 「分析ツール」の「分散分析：繰り返しのない二元配置」を選びます。

手順❷ 計算のための条件を入れます。

「入力範囲」をA1:C4として、データを指定します。

データの先頭列に水準名を入れていますから、ラベルに☑を入れます。

有意水準を0.05とします。

「出力オプション」で結果の出力先を指定します。

「新規ワークシート」を選ぶと、新しいシートに結果が出力されます。

分析ツールの入力画面

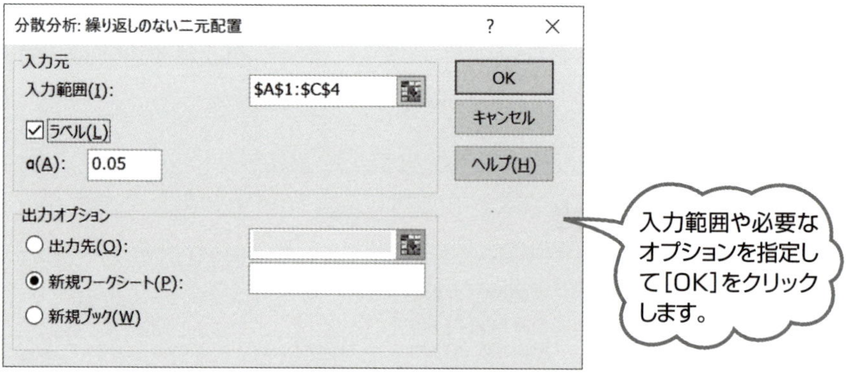

分散分析: 繰り返しのない二元配置
入力元
入力範囲(I): $A$1:$C$4
☑ ラベル(L)
α(A): 0.05
出力オプション
○ 出力先(O):
◉ 新規ワークシート(P):
○ 新規ブック(W)
OK
キャンセル
ヘルプ(H)

入力範囲や必要なオプションを指定して[OK]をクリックします。

手順❸ 「概要」に基本統計量が計算され、分散分析表が表示されます。

「行」が要因A、「列」が要因Bを表しています。

出力結果のシート

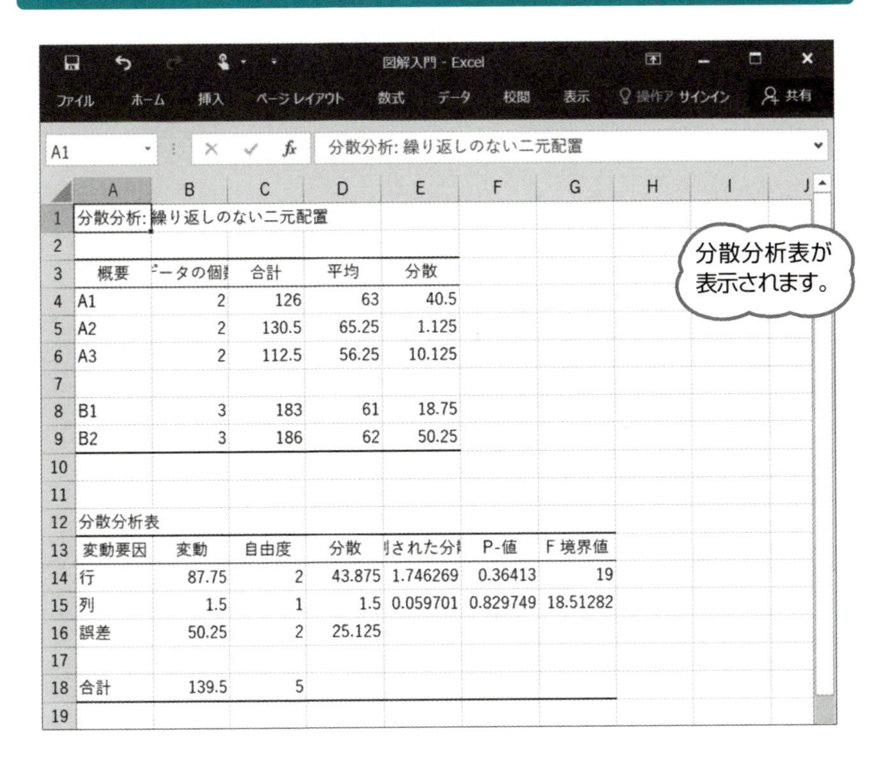

	A	B	C	D	E	F	G
1	分散分析: 繰り返しのない二元配置						
2							
3	概要	データの個数	合計	平均	分散		
4	A1	2	126	63	40.5		
5	A2	2	130.5	65.25	1.125		
6	A3	2	112.5	56.25	10.125		
7							
8	B1	3	183	61	18.75		
9	B2	3	186	62	50.25		
10							
11							
12	分散分析表						
13	変動要因	変動	自由度	分散	観測された分散比	P-値	F 境界値
14	行	87.75	2	43.875	1.746269	0.36413	19
15	列	1.5	1	1.5	0.059701	0.829749	18.51282
16	誤差	50.25	2	25.125			
17							
18	合計	139.5	5				
19							

6-10
2水準系(L_8)直交配列表実験

$L_8(2^7)$を用いた2水準系直交配列表実験における分散分析の解析です。プーリングも行っています。最適水準における母平均の推定やデータの予測も行います。

Excelの分析ツールには直交配列表実験は用意されていませんが、自分でシートを作りながら解析できます。解析の過程も理解できますので、一石二鳥です。

では、4-7節の花子さんのデータを使って解析してみましょう。

手順❶ 直交配列表とデータを入力します。

1行目：割り付けた要因を入れます。

2行目から9行目：L_8直交配列表を入れます。

[I2:I9]：データを入力します。

[I10] =SUM(I2:I9)：データの総和

手順❷ 各列の第1水準の和と第2水準の和、および列平方和を計算します。

[B11] =SUMIF(B2:B9,"=1",$I2:$I9)：第1水準の和

[B12] =SUMIF(B2:B9,"=2",$I2:$I9)：第2水準の和

[B13] =(B11－B12)^2/8：列平方和

[B11:B13]をC～H列にコピーしてすべての列の列平方和を求めます。

[I13] =SUM(B13:H13)：列平方和の合計を求めておきます。

手順❸ 分散分析表にまとめます。

[B17] =C13：主効果Aの平方和

[B18] =B13：主効果Bの平方和

[B19] =E13：主効果Cの平方和

[B20] =H13：主効果Dの平方和

[B21] =D13：交互作用$A \times B$の平方和

[B22] =F13：交互作用$B \times C$の平方和

[B23] =G13：誤差平方和

[B24] =SUM(B17:B23)：総平方和[I13]と一致することを確認します。

[C17]　=1：主効果Aの自由度

[C18]　=1：主効果Bの自由度

[C19]　=1：主効果Cの自由度

[C20]　=1：主効果Dの自由度

[C21]　=1：交互作用$A \times B$の自由度

[C22]　=1：交互作用$B \times C$の自由度

[C23]　=1：誤差自由度

[C24]　=7：総自由度

[D17]　=B17/C17：平均平方

[D17]を18〜23行にコピーします。

[E17]　=D17/D$23：$F_0$値

[F17]　=F.DIST.RT(E17,C17,C$23)：$P$値

[G17]　=F.INV.RT(0.05,C17,C$23)：$F$境界値

[E17:G17]を18〜22行にコピーします。

H列には分散分析の判定結果を入力します。ここでは有意となった要因はありませんでした。交互作用$B \times C$はプーリングします。

手順❹　プーリング後の分散分析表を求めます。

[J17]　=B17：主効果Aの平方和（元の分散分析表からコピーします）

[J18]　=B18：主効果Bの平方和（元の分散分析表からコピーします）

[J19]　=B19：主効果Cの平方和（元の分散分析表からコピーします）

[J20]　=B20：主効果Dの平方和（元の分散分析表からコピーします）

[J21]　=B21：交互作用$A \times B$の平方和（元の分散分析表からコピーします）

[J23]　=B23+B22：新しい誤差平方和（交互作用$B \times C$をプーリングします）

[J24]　=B24：総平方和（元の分散分析表からコピーします）

[J17:J24]をK列にコピーします：プーリング後の平方和の自由度を計算します。

[L17]　=J17/K17：平均平方

[L17]を18〜21,23行にコピーします：他の要因の平均平方を計算します。

[M17]　=L17/L$23：$F_0$値

[N17]　=F.DIST.RT(M17,K17,K$23)：$P$値

[O17]　=F.INV.RT(0.05,K17,K$23)：$F$境界値

[M17:O17] を18〜21行にコピーします：他の要因について計算します。

手順❺　最適水準を決めます。

因子A, Bには交互作用$A \times B$がありますから、AB二元表を作ります。

[B27]　=SUMIFS(I2:I9,C2:C9,"=1",B2:B9,"=1")：A_1B_1水準の合計

[C27]　=SUMIFS(I2:I9,C2:C9,"=1",B2:B9,"=2")：A_1B_2水準の合計

[B28]　=SUMIFS(I2:I9,C2:C9,"=2",B2:B9,"=1")：A_2B_1水準の合計

[C28]　=SUMIFS(I2:I9,C2:C9,"=2",B2:B9,"=2")：A_2B_2水準の合計

これから、A_1B_2のときに最大となります。因子CとDは単独で決め、C_2のときとD_2のときに最大となります。

以上より、$A_1B_2C_2D_2$が最適水準となります。

手順❻　点推定値、信頼区間を求めます。

[F26]　=C27/2+E12/4+H12/4-2*I10/8：点推定値

[F27]　=T.INV.2T(0.05,K23)：t分布の5%点

[F28]　=1/2+1/4+1/4-2*1/8：有効反復数の逆数

[F29]　=F27*SQRT(F28*L23)：信頼区間の幅

[F30]　=F26-F29：信頼区間の下限

[F31]　=F26+F29：信頼区間の上限

手順❼　予測値と予測区間を求めます。

[I26]　=F26：点予測値

[I29]　=F27*SQRT((1+F28)*L23)：予測区間の幅

[I30]　=I26-I29：予測区間の下限

[I31]　=I26+I29：予測区間の上限

L_8の解析シート

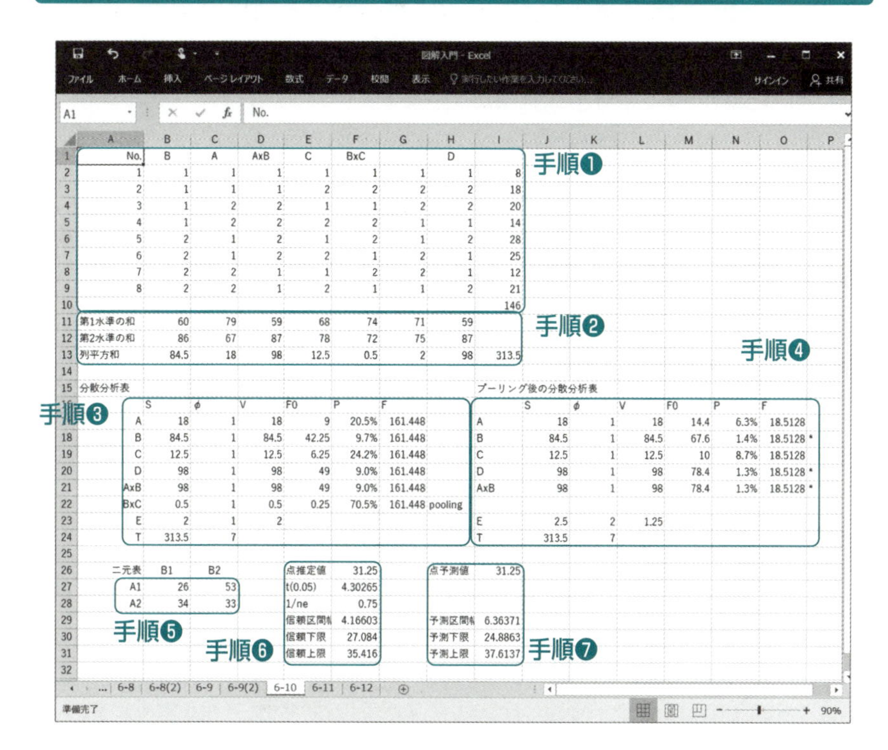

No.	B	A	AxB	C	BxC		D	
1	1	1	1	1	1	1	1	8
2	1	1	1	2	2	2	2	18
3	1	2	2	1	1	2	2	20
4	1	2	2	2	2	1	1	14
5	2	1	2	1	2	1	2	28
6	2	1	2	2	1	2	1	25
7	2	2	1	1	2	2	1	12
8	2	2	1	2	1	1	2	21
								146
第1水準の和	60	79	59	68	74	71	59	
第2水準の和	86	67	87	78	72	75	87	
列平方和	84.5	18	98	12.5	0.5	2	98	313.5

分散分析表

	S	φ	V	F0	P	F	
A	18	1	18	9	20.5%	161.448	
B	84.5	1	84.5	42.25	9.7%	161.448	
C	12.5	1	12.5	6.25	24.2%	161.448	
D	98	1	98	49	9.0%	161.448	
AxB	98	1	98	49	9.0%	161.448	
BxC	0.5	1	0.5	0.25	70.5%	161.448	pooling
E	2	1	2				
T	313.5	7					

プーリング後の分散分析表

	S	φ	V	F0	P	F	
A	18	1	18	14.4	6.3%	18.5128	
B	84.5	1	84.5	67.6	1.4%	18.5128	*
C	12.5	1	12.5	10	8.7%	18.5128	
D	98	1	98	78.4	1.3%	18.5128	*
AxB	98	1	98	78.4	1.3%	18.5128	*
E	2.5	2	1.25				
T	313.5	7					

二元表	B1	B2
A1	26	53
A2	34	33

点推定値	31.25
t(0.05)	4.30265
1/ne	0.75
信頼区間幅	4.16603
信頼下限	27.084
信頼上限	35.416

点予測値	31.25
予測区間幅	6.36371
予測下限	24.8863
予測上限	37.6137

直交配列表は間違えないように1と2を入れてください。分析ツールにはありませんから、手順に従ってシートを作ってみましょう。

6-11
2水準系(L_{16})直交配列表実験

$L_{16}(2^{15})$を用いた2水準系直交配列表実験における分散分析の解析です。計算量が増えてもExcelを上手に使うと同様に解析できます。

5つの主効果(A、B、C、D、F)と6つの交互作用($A \times B$、$A \times C$、$A \times D$、$B \times C$、$B \times D$、$D \times F$)を取り上げて、L_{16}直交配列表を用いて実験したときの解析例を示しておきましょう。

手順❶ 割付けとデータの入力

1行目に割り付けた要因、2行目から17行目にL_{16}直交配列表を入れます。

[Q2:Q17]にはデータを入力します。

[Q18] =SUM(Q2:Q17):データの総和

手順❷ 各列の第1水準の和と第2水準の和、および列平方和を計算します。

[B19] =SUMIF(B2:B17,"=1",$Q2:$Q17):第1水準の和

[B20] =SUMIF(B2:B17,"=2",$Q2:$Q17):第2水準の和

[B21] =(B19－B20)^2/16:列平方和

[B19:B21]をC〜P列にコピーしてすべての列の列平方和を求めます。

[Q21] =SUM(B21:P21):列平方和の合計を求めておきます。

手順❸ 分散分析表にまとめます。

[B25] =B21, [C25] =1:主効果Aの平方和と自由度

[B26] =E21, [C26] =1:主効果Bの平方和と自由度

[B27] =C21, [C27] =1:主効果Cの平方和と自由度

[B28] =I21, [C28] =1:主効果Dの平方和と自由度

[B29] =P21, [C29] =1:主効果Fの平方和と自由度

[B30] =F21, [C30] =1:交互作用$A \times B$の平方和と自由度

[B31] =D21, [C31] =1:交互作用$A \times C$の平方和と自由度

[B32] =J21, [C32] =1:交互作用$A \times D$の平方和と自由度

[B33] =G21, [C33] =1:交互作用$B \times C$の平方和と自由度

[B34] =M21, [C34] =1:交互作用$B \times D$の平方和と自由度

[B35] =H21, [C35] =1：交互作用$D \times F$の平方和と自由度

[B36] =K21+L21+N21+O21, [C36] =4：誤差平方和と誤差自由度

[B37] =SUM(B25:B36), [C37] =SUM(C25:C36)：総平方和

[D25] =B25/C25：平均平方

[D25]を26〜36行にコピーします。

[E25] =D25/D$36：$F_0$値

[F25] =F.DIST.RT(E25,C25,C$36)：$P$値

[G25] =F.INV.RT(0.05,C25,C$36)：$F$境界値

[E25:G25]を26〜35行にコピーします。

H列には分散分析の判定結果を入力します。主効果B、Dと交互作用$D \times F$が有意となりました。主効果Cと交互作用$A \times B$、$A \times C$、$B \times C$、$B \times D$はプーリングします。

手順❹ プーリング後の分散分析表を求めます。

[J25] =B25：主効果Aの平方和

[J26] =B26：主効果Bの平方和

[J28] =B28：主効果Dの平方和

[J29] =B29：主効果Fの平方和

[J32] =B32：交互作用$A \times D$の平方和

[J35] =B35：交互作用$D \times F$の平方和

[J36] =B36+B27+B30+B31+B33+B34：新しい誤差平方和

[J37] =B37：総平方和

[J25:J37]をK列にコピーします：プーリング後の平方和の自由度

[L25] =J25/K25：平均平方

[L25]を26,28,29,32,35,36行にコピーします。

[M25] =L25/L$36：$F_0$値

[N25] =F.DIST.RT(M25,K25,K$36)：$P$値

[O25] =F.INV.RT(0.05,K25,K$36)：$F$境界値

[M25:O25]を26,28,29,32,35行にコピーします。

手順❺　最適水準を決めます。

AD 二元表と DF 二元表を作ります。

[B40]　=SUMIFS(Q2:Q17,B2:B17,"=1",I2:I17,"=1")：A_1D_1 の合計

[C40]　=SUMIFS(Q2:Q17,B2:B17,"=1",I2:I17,"=2")：A_1D_2 の合計

[B41]　=SUMIFS(Q2:Q17,B2:B17,"=2",I2:I17,"=1")：A_2D_1 の合計

[C41]　=SUMIFS(Q2:Q17,B2:B17,"=2",I2:I17,"=2")：A_2D_2 の合計

[F40]　=SUMIFS(Q2:Q17,I2:I17,"=1",P2:P17,"=1")：D_1F_1 の合計

[G40]　=SUMIFS(Q2:Q17,I2:I17,"=1",P2:P17,"=2")：D_1F_2 の合計

[F41]　=SUMIFS(Q2:Q17,I2:I17,"=2",P2:P17,"=1")：D_2F_1 の合計

[G41]　=SUMIFS(Q2:Q17,I2:I17,"=2",P2:P17,"=2")：D_2F_2 の合計

推定に用いるデータの構造式は、

$$
\begin{aligned}
\hat{\mu}(A_iB_jD_kF_l) &= \overline{\mu + a_i + b_j + d_k + f_l + (ad)_{ik} + (df)_{kl}} \\
&= \overline{\mu + a_i + d_k + (ad)_{ik}} + \overline{\mu + d_k + f_l + (df)_{kl}} - \widehat{\mu + d_k} + \widehat{\mu + b_j} - \hat{\mu} \\
&= (A_iD_k\text{の平均}) + (D_kF_l\text{の平均}) - (D_k\text{の平均}) + (B_j\text{の平均}) - (\text{全体平均})
\end{aligned}
$$

となります。

因子 A, D, F では因子 D で交互作用が重複しているので、因子 D を固定して比較します。

[D43]　=B41/4+F40/4-I19/8：D_1 のとき、A_2F_1 で最大となります。

[D44]　=C40/4+G41/4-I20/8：D_2 のとき、A_1F_2 で最大となります。

よって、$A_2D_1F_1$ のときに最大になります。因子 B は単独で決め、B_2 のときに最大となります。以上より、$A_2B_2D_1F_1$ が最適水準となります。

手順❻　点推定値、信頼区間を求めます。

[J39]　=D43+E20/8-Q18/16：点推定値

[J40]　=T.INV.2T(0.05,K36)：t 分布の5%点

[J41]　=1/4+1/4-1/8+1/8-1/16：有効反復数の逆数

[J42]　=J40*SQRT(J41*L36)：信頼区間の幅

[J43]　=J39-J42：信頼区間の下限

[J44]　=J39+J42：信頼区間の上限

手順❼　予測値と予測区間を求めます。

[M39]　=J39：点予測値

[M42]　=J40*SQRT((1+J41)*L36)：予測区間の幅

[M43]　=M39-M42：予測区間の下限

[M44]　=M39+M42：予測区間の上限

L_{16} の解析シート

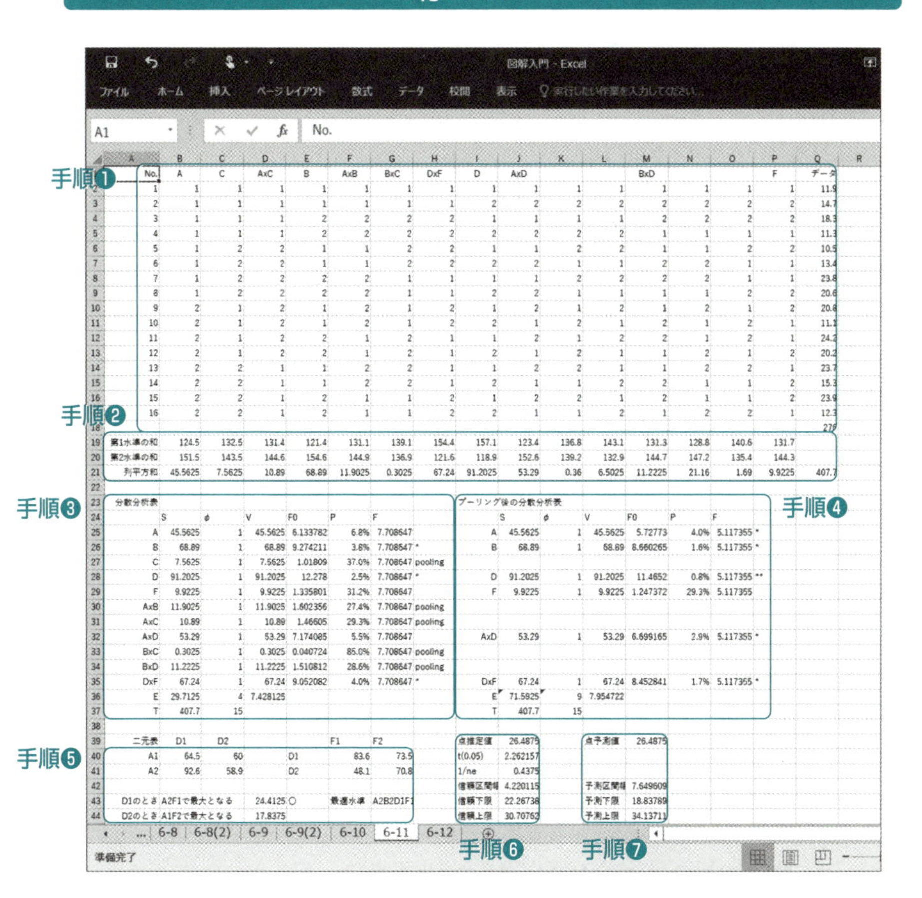

	A	B	C	D	E	F	G	H	I	J	K	L	M	N	O	P	Q
1	No.	A	C	AxC	B	AxB	BxC	DxF	D	AxD			BxD			F	データ
2	1	1	1	1	1	1	1	1	1	1	1	1	1	1	1	1	11.9
3	2	1	1	1	1	1	1	1	2	2	2	2	2	2	2	2	14.7
4	3	1	1	1	2	2	2	2	1	1	1	1	2	2	2	2	18.3
5	4	1	1	1	2	2	2	2	2	2	2	2	1	1	1	1	11.3
6	5	1	2	2	1	1	2	2	1	1	2	2	1	1	2	2	10.5
7	6	1	2	2	1	1	2	2	2	2	1	1	2	2	1	1	13.4
8	7	1	2	2	2	2	1	1	1	1	2	2	2	2	1	1	23.8
9	8	1	2	2	2	2	1	1	2	2	1	1	1	1	2	2	20.6
10	9	2	1	2	1	2	1	2	1	2	1	2	1	2	1	2	20.8
11	10	2	1	2	1	2	1	2	2	1	2	1	2	1	2	1	11.1
12	11	2	1	2	2	1	2	1	1	2	1	2	2	1	2	1	24.2
13	12	2	1	2	2	1	2	1	2	1	2	1	1	2	1	2	20.2
14	13	2	2	1	1	2	2	1	1	2	2	1	1	2	2	1	23.7
15	14	2	2	1	1	2	2	1	2	1	1	2	2	1	1	2	15.3
16	15	2	2	1	2	1	1	2	1	2	2	1	2	1	1	2	23.9
17	16	2	2	1	2	1	1	2	2	1	1	2	1	2	2	1	12.3
18																	276
19	第1水準の和	124.5	132.5	131.4	121.4	131.1	139.1	154.4	157.1	123.4	136.8	143.1	131.3	128.8	140.6	131.7	
20	第2水準の和	151.5	143.5	144.6	154.6	144.9	136.9	121.6	118.9	152.6	139.2	132.9	144.7	147.2	135.4	144.3	
21	列平方和	45.5625	7.5625	10.89	68.89	11.9025	0.3025	67.24	91.2025	53.29	0.36	6.5025	11.2225	21.16	1.69	9.9225	407.7
22																	
23	分散分析表								プーリング後の分散分析表								
24		S	φ	V	F0	P	F			S	φ	V	F0	P	F		
25	A	45.5625	1	45.5625	6.133782	6.8%	7.708647		A	45.5625	1	45.5625	5.72773	4.0%	5.117355	*	
26	B	68.89	1	68.89	9.274211	3.8%	7.708647	*	B	68.89	1	68.89	8.660265	1.6%	5.117355	*	
27	C	7.5625	1	7.5625	1.01809	37.0%	7.708647	pooling									
28	D	91.2025	1	91.2025	12.278	2.5%	7.708647	*	D	91.2025	1	91.2025	11.4652	0.8%	5.117355	**	
29	F	9.9225	1	9.9225	1.335801	31.2%	7.708647		F	9.9225	1	9.9225	1.247372	29.3%	5.117355		
30	AxB	11.9025	1	11.9025	1.602356	27.4%	7.708647	pooling									
31	AxC	10.89	1	10.89	1.46605	29.3%	7.708647	pooling									
32	AxD	53.29	1	53.29	7.174085	5.5%	7.708647		AxD	53.29	1	53.29	6.699165	2.9%	5.117355	*	
33	BxC	0.3025	1	0.3025	0.040724	85.0%	7.708647	pooling									
34	BxD	11.2225	1	11.2225	1.510812	28.6%	7.708647	pooling									
35	DxF	67.24	1	67.24	9.052082	4.0%	7.708647	*	DxF	67.24	1	67.24	8.452841	1.7%	5.117355	*	
36	E	29.7125	4	7.428125					E	71.5925	9	7.954722					
37	T	407.7	15						T	407.7	15						
38																	
39	二元表	D1	D2			F1	F2		点推定値	26.4875		点予測値	26.4875				
40	A1	64.5	60		D1	83.6	73.5		t(0.05)	2.262157							
41	A2	92.6	58.9		D2	48.1	70.8		1/ne	0.4375							
42									信頼区間幅	4.220115		予測区間幅	7.649609				
43	D1のとき	A2F1で最大となる		24.4125	○	最適水準	A2B2D1F1		信頼下限	22.26738		予測下限	18.83789				
44	D2のとき	A1F2で最大となる		17.8375					信頼上限	30.70762		予測上限	34.13711				

6-12
3水準系(L_{27})直交配列表実験

$L_{27}(3^{13})$を用いた3水準系直交配列表実験における分散分析の解析です。平方和や二元表を上手に作って、解析を進めていきましょう。

4-12節の太郎さんのデータを使ってExcelで解析してみましょう。

手順❶ 直交配列表とデータを入力します。

1行目：割り付けた要因を入れます。

2行目から28行目：L_{27}直交配列表を入れます。

[O2:O28]：データを入力します。

[O29] =SUM(O2:O28)：データの総和

手順❷ 各列の第1水準、第2水準、第3水準の合計、および列平方和を計算します。

[B30] =SUMIF(B2:B28,"=1",$O2:$O28)：第1水準の和

[B31] =SUMIF(B2:B28,"=2",$O2:$O28)：第2水準の和

[B32] =SUMIF(B2:B28,"=3",$O2:$O28)：第3水準の和

[B33] =SUMSQ(B30:B32)/9-$O29^2/27：列平方和

[B30:B33]をC～N列にコピーしてすべての列の列平方和を求めます。

[O33] =SUM(B33:N33)：列平方和の合計を求めておきます。

手順❸ 分散分析表にまとめます。

[B37] =C33：主効果Aの平方和

[B38] =B33：主効果Bの平方和

[B39] =F33：主効果Cの平方和

[B40] =L33：主効果Dの平方和

[B41] =D33+E33：交互作用$A\times B$の平方和

[B42] =G33+H33：交互作用$B\times C$の平方和

[B43] =M33+N33：交互作用$B\times D$の平方和

[B44] =I33+J33+K33：誤差平方和

[B45] =SUM(B37:B44)：総平方和[O33]と一致することを確認します。

[C37]　=2：主効果Aの自由度

[C38]　=2：主効果Bの自由度

[C39]　=2：主効果Cの自由度

[C40]　=2：主効果Dの自由度

[C41]　=4：交互作用$A \times B$の自由度

[C42]　=4：交互作用$B \times C$の自由度

[C43]　=4：交互作用$B \times D$の自由度

[C44]　=6：誤差自由度

[C45]　=26：総自由度

[D37]　=B37/C37：平均平方

[D37]を38～44行にコピーします。

[E37]　=D37/D$44：$F_0$値

[F37]　=F.DIST.RT(E37,C37,C$44)：$P$値

[G37]　=F.INV.RT(0.05,C37,C$44)：$F$境界値

[E37:G37]を38～43行にコピーします。

H列には分散分析の判定結果を入力します。

主効果Aが有意となりました。主効果Dと交互作用$A \times B$、$B \times D$はプーリングします。

手順❹　プーリング後の分散分析表を求めます。

[J37]　=B37：主効果Aの平方和

[J38]　=B38：主効果Bの平方和

[J39]　=B39：主効果Cの平方和

[J42]　=B42：交互作用$B \times C$の平方和

[J44]　=B44+B40+B41+B43：新しい誤差平方和

[J45]　=B45：総平方和

[J37:J45]をK列にコピーします：プーリング後の平方和の自由度

[L37]　=J37/K37：平均平方

[L37]を38,39,42,44行にコピーします。

[M37]　=L37/L$44：$F_0$値

[N37]　=F.DIST.RT(M37,K37,K$44)：$P$値

[O37] =F.INV.RT(0.05,K37,K$44)：$F$境界値

[M37:O37]を38,39,42行にコピーします。

手順❺ 最適水準を決めます。

因子B、Cには交互作用$B \times C$がありますから、BC二元表を作ります。

[B48] =SUMIFS(O2:O28,B2:B28,"=1",F2:F28,"=1")：B_1C_1の合計

[C48] =SUMIFS(O2:O28,B2:B28,"=1",F2:F28,"=2")：B_1C_2の合計

[D48] =SUMIFS(O2:O28,B2:B28,"=1",F2:F28,"=3")：B_1C_3の合計

[B49] =SUMIFS(O2:O28,B2:B28,"=2",F2:F28,"=1")：B_2C_1の合計

[C49] =SUMIFS(O2:O28,B2:B28,"=2",F2:F28,"=2")：B_2C_2の合計

[D49] =SUMIFS(O2:O28,B2:B28,"=2",F2:F28,"=3")：B_2C_3の合計

[B50] =SUMIFS(O2:O28,B2:B28,"=3",F2:F28,"=1")：B_3C_1の合計

[C50] =SUMIFS(O2:O28,B2:B28,"=3",F2:F28,"=2")：B_3C_2の合計

[D50] =SUMIFS(O2:O28,B2:B28,"=3",F2:F28,"=3")：B_3C_3の合計

これから、B_2C_2のときに最大となります。因子Aは単独で決め、A_2のときに最大となります。

以上より、$A_2B_2C_2$が最適水準となります。

手順❻ 点推定値、信頼区間を求めます。

推定に用いるデータの構造式は、

$$
\begin{aligned}
\hat{\mu}(A_2B_2C_2) &= \overline{\mu + a_2 + b_2 + c_2 + (bc)_{22}} \\
&= \overline{\mu + b_2 + c_2 + (bc)_{22}} + \widehat{\mu + a_2} - \hat{\mu} \\
&= \frac{B_2C_2\text{の合計}}{3} + \frac{A_2\text{の合計}}{9} - \frac{\text{総計}}{27}
\end{aligned}
$$

となります。

[J47]　=C49/3+C31/3-O29/27：点推定値

[J48]　=T.INV.2T(0.05,K44)：t分布の5%点

[J49]　=1/9+1/3-1/27：有効反復数の逆数

[J50]　=J48*SQRT(J49*L44)：信頼区間の幅

[J51]　=J47-J50：信頼区間の下限

[J52]　=J47+J50：信頼区間の上限

手順❼　予測値と予測区間を求めます。

[N47]　=J47：点予測値

[N50]　=J48*SQRT((1+J49)*L44)：予測区間の幅

[N51]　=M47-M50：予測区間の下限

[N52]　=M47+M50：予測区間の上限

L_{27}の解析シート

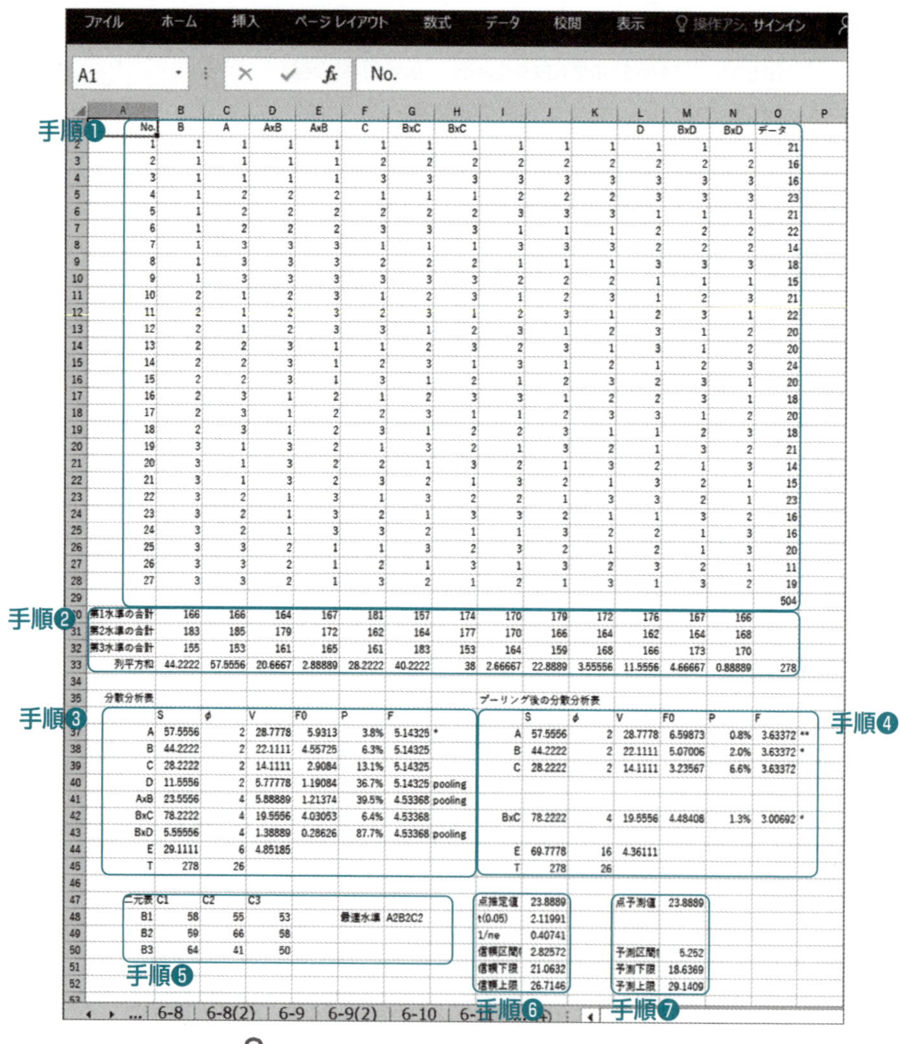

	A	B	C	D	E	F	G	H	I	J	K	L	M	N	O
1	No.	B	A	AxB	AxB	C	BxC	BxC				D	BxD	BxD	データ
2	1	1	1	1	1	1	1	1	1	1	1	1	1	1	21
3	2	1	1	1	1	2	2	2	2	2	2	2	2	2	16
4	3	1	1	1	1	3	3	3	3	3	3	3	3	3	16
5	4	1	2	2	2	1	1	1	2	2	2	3	3	3	23
6	5	1	2	2	2	2	2	2	3	3	3	1	1	1	21
7	6	1	2	2	2	3	3	3	1	1	1	2	2	2	22
8	7	1	3	3	3	1	1	1	3	3	3	2	2	2	14
9	8	1	3	3	3	2	2	2	1	1	1	3	3	3	18
10	9	1	3	3	3	3	3	3	2	2	2	1	1	1	15
11	10	2	1	2	3	1	2	3	1	2	3	1	2	3	21
12	11	2	1	2	3	2	3	1	2	3	1	2	3	1	22
13	12	2	1	2	3	3	1	2	3	1	2	3	1	2	20
14	13	2	2	3	1	1	2	3	2	3	1	3	1	2	20
15	14	2	2	3	1	2	3	1	3	1	2	1	2	3	24
16	15	2	2	3	1	3	1	2	1	2	3	2	3	1	20
17	16	2	3	1	2	1	2	3	3	1	2	2	3	1	18
18	17	2	3	1	2	2	3	1	1	2	3	3	1	2	20
19	18	2	3	1	2	3	1	2	2	3	1	1	2	3	18
20	19	3	1	3	2	1	3	2	1	3	2	1	3	2	21
21	20	3	1	3	2	2	1	3	2	1	3	2	1	3	14
22	21	3	1	3	2	3	2	1	3	2	1	3	2	1	15
23	22	3	2	1	3	1	3	2	2	1	3	3	2	1	23
24	23	3	2	1	3	2	1	3	3	2	1	1	3	2	16
25	24	3	2	1	3	3	2	1	1	3	2	2	1	3	16
26	25	3	3	2	1	1	3	2	3	2	1	2	1	3	20
27	26	3	3	2	1	2	1	3	1	3	2	3	2	1	11
28	27	3	3	2	1	3	2	1	2	1	3	1	3	2	19
29															504
30	第1水準の合計	166	166	164	167	181	157	174	170	179	172	176	167	166	
31	第2水準の合計	183	185	179	172	162	164	177	170	166	164	162	164	168	
32	第3水準の合計	155	153	161	165	161	183	153	164	159	168	166	173	170	
33	列平方和	44.2222	57.5556	20.6667	2.88889	28.2222	40.2222	38	2.66667	22.8889	3.55556	11.5556	4.66667	0.88889	278

分散分析表

	S	φ	V	F0	P	F	
A	57.5556	2	28.7778	5.9313	3.8%	5.14325	*
B	44.2222	2	22.1111	4.55725	6.3%	5.14325	
C	28.2222	2	14.1111	2.9084	13.1%	5.14325	
D	11.5556	2	5.77778	1.19084	36.7%	5.14325	pooling
AxB	23.5556	4	5.88889	1.21374	39.5%	4.53368	pooling
BxC	78.2222	4	19.5556	4.03053	6.4%	4.53368	
BxD	5.55556	4	1.38889	0.28626	87.7%	4.53368	pooling
E	29.1111	6	4.85185				
T	278	26					

プーリング後の分散分析表

	S	φ	V	F0	P	F	
A	57.5556	2	28.7778	6.59873	0.8%	3.63372	**
B	44.2222	2	22.1111	5.07006	2.0%	3.63372	*
C	28.2222	2	14.1111	3.23567	6.6%	3.63372	
BxC	78.2222	4	19.5556	4.48408	1.3%	3.00692	*
E	69.7778	16	4.36111				
T	278	26					

二元表	C1	C2	C3			
B1	58	55	53		最適水準	A2B2C2
B2	59	66	58			
B3	64	41	50			

点推定値	23.8889
t(0.05)	2.11991
1/ne	0.40741
信頼区間(	2.82572
信頼下限	21.0632
信頼上限	26.7146

点予測値	23.8889
予測区間(	5.252
予測下限	18.6369
予測上限	29.1409

ここまでできれば、あとは工夫次第。
いろいろな実験計画法をどんどん
使ってみてください。

交互作用が重なるとき

複数の交互作用があるとき、ある主効果がいくつかの交互作用に現れることがありますが、このときには二元表だけから最適水準を選ぶことはできません。例えば、3つの主効果A、B、Cと2つの交互作用$A \times B$、$A \times C$がある場合を考えます。主効果Aは両方の交互作用に現れています。

AとBおよびAとCには交互作用があるので、それぞれ一括りにして$\widehat{\mu + a + b + (ab)}$と$\widehat{\mu + a + c + (ac)}$で考えます。このとき、全体平均$\mu$と$A$の効果$a$が2回出てくるため、$\widehat{\mu + a}$を1回引き、データの構造式は次のように分解されます。

$$
\begin{aligned}
\hat{\mu}(ABC) &= \widehat{\mu + a + b + c + (ab) + (ac)} \\
&= \widehat{\mu + a + b + (ab)} + \widehat{\mu + a + c + (ac)} - \widehat{\mu + a} \\
&= (AB\text{の平均}) + (AC\text{の平均}) - (A\text{の平均}) \\
&= \frac{AB\text{水準の合計}}{2} + \frac{AC\text{水準の合計}}{2} - \frac{A\text{水準の合計}}{4}
\end{aligned}
$$

これが最大となるように最適水準を選ぶには、AB二元表とAC二元表からは最大となる組合わせを選び、Aの水準は小さくなるほうを選びます。このとき、それぞれで選んだAの水準が同じになるとは限りませんから、その場合はAの水準を決めることができなくなります。次の数値例を見ましょう。

▼ ABC 三元表

A	B	C	データ
1	1	1	23
1	1	2	16
1	2	1	19
1	2	2	12
2	1	1	16
2	1	2	20
2	2	1	24
2	2	2	18

▼ AB 二元表

	B_1	B_2	合計
A_1	23＋16＝39	19＋12＝31	70
A_2	16＋20＝36	24＋18＝42	78
合計	75	73	148

▼ AC 二元表

	C_1	C_2	合計
A_1	23＋19＝42	16＋12＝28	70
A_2	16＋24＝40	20＋18＝38	78
合計	82	66	148

AB 二元表からは A_2B_2 水準、AC 二元表からは A_1C_1 水準が最大となる組合わせとして選ばれます。また、A の水準は A_1 水準のほうが小さくなります。したがって、A_1 水準と A_2 水準のどちらを選べばよいか決められません。

そこで、まず、共通している因子 A の水準を固定して、そのときの B と C の最適水準を求め、そのときの点推定値を計算します。そして、A の水準をどちらに固定したときのほうが大きくなるかを比べて、最適水準を決めます。

(A_1 に固定したとき) AB 二元表から B_1、AC 二元表から C_1 が選ばれます。

$$\hat{\mu}(A_1B_1C_1) = (A_1B_1\text{の平均}) + (A_1C_1\text{の平均}) - (A_1\text{の平均})$$
$$= \frac{39}{2} + \frac{42}{2} - \frac{70}{4}$$
$$= 19.5 + 21.0 - 17.5 = 23.0$$

(A_2 に固定したとき) AB 二元表から B_2、AC 二元表から C_1 が選ばれます。

$$\hat{\mu}(A_2B_2C_1) = (A_2B_2\text{の平均}) + (A_2C_1\text{の平均}) - (A_2\text{の平均})$$
$$= \frac{42}{2} + \frac{40}{2} - \frac{78}{4}$$
$$= 21.0 + 20.0 - 19.5 = 21.5$$

これらを比較すると、A_1 水準に固定したときのほうが大きくなり、最適水準として $A_1B_1C_1$ が選ばれます。このときの母平均の点推定値は 23.0 です。

ABC の8通りの組合わせの中では、$A_2B_2C_1$ が最も大きくなっています。しかし、3因子交互作用は考えていませんから、2因子交互作用を表す二元表から選び、最適水準は $A_1B_1C_1$ です。なお、ABC 三元表から最適水準を求めることができるのは、3因子交互作用が存在するときです。ここでは3因子交互作用は考えていませんので、ABC 三元表から求めるのは間違いです。

索引

INDEX

あ行

か行

さ行

た行

な行

は行

ま行

や行

ら行

アルファベット

数字

●著者紹介

森田　浩（もりた　ひろし）

1983年3月　大阪大学工学部卒業
1988年3月　大阪大学大学院工学研究科退学
大阪府立大学、大阪市立大学、神戸大学を経て、
現在、大阪大学大学院情報科学研究科教授、博士（工学）

主な著書：
『Excelでここまでできる統計解析（第2版）』
　日本規格協会，2015（共著）
『Excelでここまでできる実験計画法』
　日本規格協会，2011（共著）
『工学系の数学解析』
　大阪大学出版会，2015（共著）
『データ包絡分析法DEA』
　静岡学術出版，2014（翻訳）

●編集協力
株式会社　エディトリアルハウス

●イラスト
中西　隆浩

図解入門よくわかる
最新実験計画法の基本と仕組み［第2版］

発行日　2019年 9月 1日　第1版第1刷
　　　　2025年 1月23日　第1版第4刷

著　者　森田　浩

発行者　斉藤　和邦
発行所　株式会社　秀和システム
　〒135-0016
　東京都江東区東陽2-4-2　新宮ビル2F
　Tel 03-6264-3105（販売）Fax 03-6264-3094
印刷所　三松堂印刷株式会社　Printed in Japan

ISBN978-4-7980-5987-7 C3053